奈曼旗区位示意图

奈曼旗行政区划图

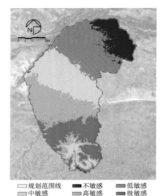

奈曼旗高程敏感性评价

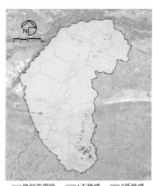

奈曼旗坡度敏感性评价

奈曼旗生态安全格局构建图

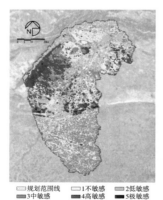

奈曼旗生态功能区划图

奈曼旗生态红线与农田红线图

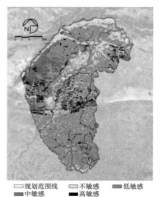

奈曼旗水体敏感性评价

奈曼旗土地敏感性评价

奈曼旗植被敏感性评价

奈曼旗生态敏感综合评价

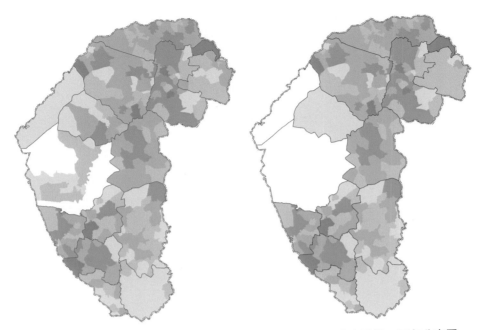

奈曼旗玉米种植面积2020年分布图　　　　奈曼旗玉米种植面积2025年分布图

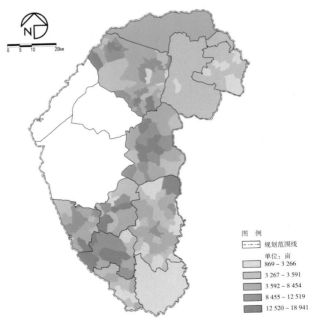

图　例
　　　　规划范围线
单位：亩
　　869 ~ 3 266
　　3 267 ~ 3 591
　　3 592 ~ 8 454
　　8 455 ~ 12 519
　　12 520 ~ 18 941

奈曼旗玉米种植面积2030年分布图

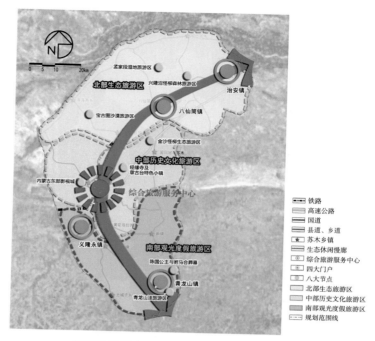

奈曼旗旅游产业规划布局图

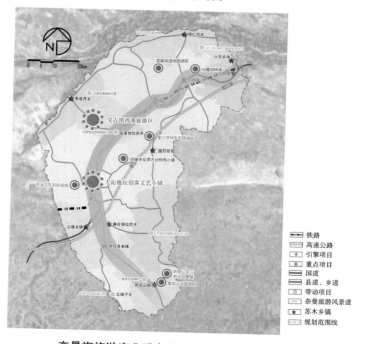

奈曼旗旅游产业重点项目分布图

WOGUO XIANYU SHENGTAI YU CHANYE XIETIAO FAZHAN YANJIU

我国县域生态与产业协调发展研究

周振亚　王秀芬　尤　飞　张建林　等著
布　仁　王春江　文国辉　王　迪

中国农业科学技术出版社

图书在版编目（CIP）数据

我国县域生态与产业协调发展研究：以奈曼旗为例／周振亚等著.—北京：中国农业科学技术出版社，2019.11

ISBN 978-7-5116-4443-5

Ⅰ.①我… Ⅱ.①周… Ⅲ.①县级经济-生态经济-产业发展-协调发展-研究-中国 Ⅳ.①F127

中国版本图书馆CIP数据核字（2019）第222619号

责任编辑 于建慧
责任校对 李向荣

出 版 者 中国农业科学技术出版社
         北京市中关村南大街12号 邮编：100081
电 话 （010）82109708（编辑室） （010）82109702（发行部）
         （010）82109709（读者服务部）
传 真 （010）82106638
网 址 http://www.castp.cn
经 销 者 各地新华书店
印 刷 者 北京建宏印刷有限公司
开 本 710mm×1 000mm 1/16
印 张 13 彩插 4面
字 数 220千字
版 次 2019年11月第1版 2019年11月第1次印刷
定 价 39.80元

著者名单

（按姓氏笔画排序）

王　欢　王　迪　王秀芬　王秀斌　王春江
尤　飞　文国辉　布　仁　张建林　周振亚

目　录

第一章　研究背景和意义

一、研究背景

生态文明建设是关系中华民族永续发展的根本大计。党的十八大以来，以习近平同志为核心的党中央始终把生态文明建设放在治国理政的突出位置，将"中国共产党领导人民建设社会主义生态文明"写入党章，作为行动纲领。为了适应我国新时期生态安全与保护的形势，2015 年由中国科学院生态环境研究中心完成了对《全国生态功能区划》的修编。党的十九大报告指出，建设生态文明是中华民族永续发展的千年大计。必须树立和践行"绿水青山就是金山银山"的理念，坚持节约资源和保护环境的基本国策，像对待生命一样对待生态环境。2018 年全国生态环境保护大会召开，大会确立了习近平生态文明思想，对加强生态环境保护、提升生态文明、建设美丽中国进一步作出重大决策部署。

党的十九大作出了实施乡村振兴战略的重大决策部署，并明确指出，实施乡村振兴战略的总要求是产业兴旺、生态宜居、乡风文明、治理有效、生活富裕。其中，产业兴旺是重点，生态宜居是关键，产业与生态的有机结合，为乡风文明、治理有效、生活富裕提供重要支撑。推进产业生态化和生态产业化，是深化农业供给侧结构性改革、实现高质量发展、加强生态文明建设的必然选择。"十三五"期间，我国许多地区都面临着生态环境治理和产业转型升级的双重任务，如何推进产业与生态的有机融合，是新时代新的使命。

奈曼旗位于内蒙古自治区通辽市的西南部，科尔沁沙地南缘。依据《全国生态功能区划》，奈曼旗位于科尔沁沙地防风固沙重要功能区（图 1-1）。在《内蒙古自治区主体功能区规划》中，按开发内容，奈曼旗被划分为国家级重点生态功能区（图 1-2），主要支持其生态环境保护和修复。由此可见，无论从国家层面还是从省级层面来看，奈曼旗均承载着重要的生态环境保护和修复功能。

　　改革开放以来，奈曼旗经济发展取得了辉煌的成就。2017 年，全旗地区生产总值达到 70.62 亿元，同比增长 4.6%，形成了以水泥及熟料为主的建材业、食品加工业两大主导产业。近年来，以特殊钢铁材料为主的新材料产业、以沙资源综合开发利用为主的沙产业和以光伏发电、风力发电以及生物质发电为主的新能源产业也有较好的发展势头，农业结构调整迈出重大步伐。始终坚持农业基础地位不动摇，粮食总产连续五年稳定在 30 亿斤*以上。蒙中药材、沙地西瓜等高效特色作物由 95 万亩发展到 140 万亩。果树经济林由 13 万亩发展到 27 万亩，成为全区最大的蒙古野果基地。养殖规模翻了一番，牧业年度家畜存栏达到 274 万头（只）。但是奈曼旗在发展经济的同时，也造成了一系列生态环境问题，如水资源供需矛盾加剧，固体垃圾污染等。可见，产业与生态的有机融合问题同样困扰着奈曼旗的发展。

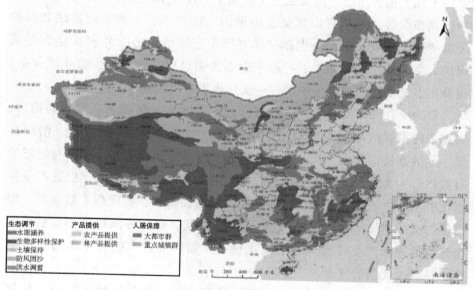

图 1-1　全国功能生态区划分示意图

　　产业发展与生态环境保护是一项复杂的系统工程，是融政策性、法律

------

　　* 注：1 斤 = 0.5 千克；1 亩 ≈ 667 平方米。全书同。

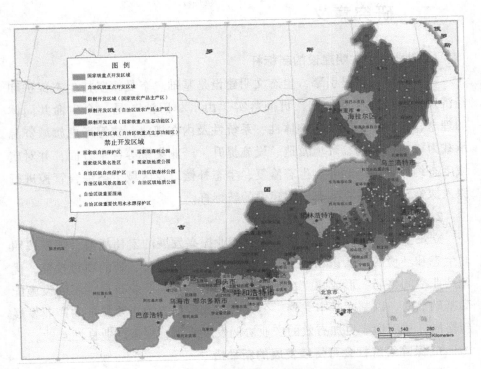

图 1-2　内蒙古自治区总体功能区划分示意图

性、技术性为一体的重大课题。面对环保新形势、新情况、新要求，奈曼旗要切实行动起来，不仅要在思想上高度重视，更要在行动上真抓实干，统筹好"金山银山"与"绿水青山"的辩证关系，努力打造美丽中国"奈曼样板"。本书充分分析奈曼旗的产业发展与生态环境保护深度融合所面临的形势和任务。明确奈曼旗生态功能区的主导生态系统服务功能以及生态保护目标，增强生态系统的生态调节功能，提高区域生态系统的承载力与经济社会的支撑能力。以生态功能区为基础，推进主体功能区建设，合理控制开发强度，指导区域生态保护与建设、生态保护红线划定、产业布局、资源开发利用和经济社会发展规划，构建科学合理的生态空间，协调社会经济发展和生态保护的关系。

二、研究意义

1. 树立生态文明建设的新标杆

经济转型发展是引擎，生态文明建设是基础。奈曼旗坚持生态保护和经济发展协调并重的原则，贯彻落实"山水林田沙"是一个生命共同体的理念，按照生态系统的整体性、系统性及内在规律，统筹考虑旗域资源承载力、空间布局、环境营造、设施提升、产业集聚等各个方面，并对旗域生态约束、生态涵养、生态修复、生态补偿以及区域生态综合管控进行深入探索，力求树立生态文明建设的新标杆。

2. 确立产业振兴发展的新路径

立足生态建设和环境保护，确立产业振兴发展的宏伟战略，需要按照对生态和环境的新认识和新研究，融合新的发展理念、新的项目投资，优化产业空间格局，形成建立在不同要素禀赋、不同产业布局、不同设施配套基础上的，以制度基本完善、公共服务大致均等为重要特征的产业发展新格局，从而形成更加有效的产业协调发展机制，促进产业良性互动。

3. 保障经济社会可持续发展的新举措

我国进入社会主义新时代，社会主要矛盾已经转化为人民日益增长的美好生活需求和不平衡不充分的发展之间的矛盾。我国经济已由高速增长阶段转向高质量发展阶段，正处在转变发展方式、优化经济结构、转换增长动力的攻关期，建设现代经济可持续发展体系是跨越关口的迫切要求和我国发展的战略目标。奈曼旗从生态环境保护和产业发展协调的高度进行顶层规划设计，通过科学测算资源环境承载力，并以此为基础调整产业结构，优化产业布局，切实把绿色发展理念融入生态、经济、文化和社会建设的各个方面，有力地推动奈曼旗经济社会可持续发展。

4. 树立生态和产业协调发展的新典范

鉴于奈曼旗"南山中沙北河川"的脆弱性生态环境特征，需要强化生态保障，降低开发风险。保护奈曼旗的生态系统完整性，减少因产业开发对奈曼旗生态环境的冲击，关系到奈曼旗全境的生态安全。奈曼旗需要严格实施生态环境功能区划，构建生态保护红线体系，保障流域饮用水安全，促进经济与生态环境相协调发展。在生态环境区划和生态保护红线划定的基础上，充分结合奈曼旗的资源和环境现状，坚持环保优先，发展和保护并重，在发展中保护，在保护中发展的原则，以科技创新为支撑，以生态宜居、富民强旗为目标，探索实践具有自身特色的绿色、低碳协调发展新路字，为县域生态和产业协调发展树立新典范。

三、技术路线图

结合奈曼旗现状发展特点，规划研究技术路线如图1-3所示。针对奈曼旗水资源供需矛盾、沙漠化等现状问题，规划在对生态环境进行分析及制定对策时着重加强此部分。根据研究尺度，规划从"点—轴—面" 3个层次上展开：首先，从点上，标明重要生态节点，同时对各苏木乡镇自然发展条件的相对差异进行比较分析，为城镇等级结构分类提供参考；其次，从轴上，确定及预留生态廊道，构建城市生态保护格局；最后，从面上，通过生态环境研究和承载力测算，为分区发展指引和产业发展规划提供支撑。

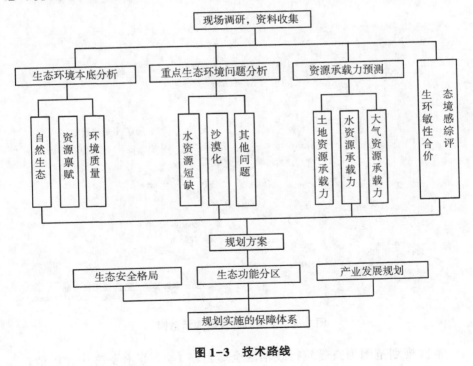

图1-3 技术路线

第二章 县域（奈曼旗）基本情况

一、地理位置与行政区划

奈曼旗位于内蒙古自治区通辽市的西南部，科尔沁沙地南缘。地处北纬 42°14′~43°32′，东经 120°19′~121°35′。北与通辽市开鲁县隔河相望，东北和东与通辽市科左后旗、库伦旗连界，南与辽宁省阜新蒙古族自治县接壤，西和西北与赤峰市的敖汉旗、翁牛特旗毗邻。奈曼旗城关镇位于大沁他拉镇，距通辽市 187km，赤峰市 215km，辽宁阜新市 155km，沈阳市 360km，北京市 720km，锦州港 270km（图 2-1）。

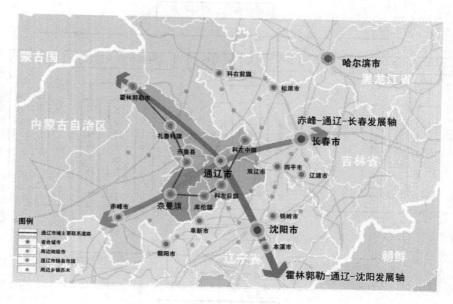

图 2-1 奈曼旗区位结构示意图

本次规划范围为奈曼旗行政辖区全境，辖 14 个苏木乡镇（大沁他拉、八仙筒、新镇、青龙山、土城子、东明、治安、义隆永、沙日浩来、黄花塔拉、白音他拉、苇莲苏、固日班花、明仁苏木）、1 个国有农场、1 个街道办事处、1 个经济开发区，355 个嘎查村、9 个社区居委会，其全境南北长 140km，东西宽 68km，总面积为 8 137.6km²（图 2-2）。

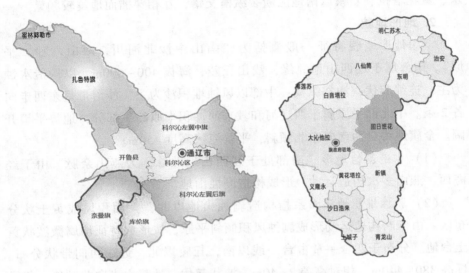

图 2-2 奈曼旗区位（左）和行政区划（右）

二、生态环境态势与空间特征

（一）自然地理条件

1. 地形地质

全旗处于内蒙古地质的北部，内蒙古地槽的东南缘与松辽凹陷的过渡带，横跨两个大地构造单元。其南部属阴山纵向构造带及新华夏系第三系隆起带，形成低山丘陵和黄土台地。其北部为松辽凹陷的坡带，为扭动构造挤压中的开鲁盆地。地势由西南向东北逐渐倾斜，西南高，东北低，一般海拔高度为 250～570m。最高点老道山西南峰 794.5m，最低点在六号村东南孤树附近为 226.6m。

全旗工业园区 3 个片区均位于西辽河与教来河两河谷平原之间的风积冲击波状平原，地势由西南向东北呈波浪式倾斜。

全旗域内有 3 条地震断裂带经过，分别是西拉木伦断裂带、养畜牧河断裂带、赤峰—开原断裂带。历史上分别于 1940 年和 1942 年发生过两次 6.0 级地震，均构成一定的人员伤亡和严重的房屋倒塌。近年来，义隆永、黄花塔拉、新镇以南地区断裂纵横交错，互相穿插而地震较频繁。

2. 地形地貌

全旗地形地貌特征一般概括为"南山中沙北河川，两山六沙二平原"。南部属于辽西山地北缘，浅山丘陵，海拔 400~600m，以构造水蚀为主，连绵起伏，沟谷纵横；中部以风蚀堆积沙为主，沙沼带呈东西走向各 2 条。中北部平原属于西辽河和教来河冲积平原的一部分，地势平坦开阔。全旗地势自西南向东北倾斜，平均海拔高度 450m。

（1）构造剥蚀地形　南部处于辽西山地北缘，为燕山余脉。由于经海西、燕山多次构造运动，形成构造剥蚀山地。

（2）剥蚀堆积地形　系指构造剥蚀山地以北，大面积风成黄土状分布区。由于新构造运动形成剥蚀风积倾斜平原，按形成特征均属微波状黄土台地。分布于四合—章古台一线以南，丘陵以北，近东西向带状分布。标高 380~440m，相对高差 2~40m。波状起伏，地势由南向北倾斜，前缘陡坎明显，由厚层黄土状土组成，并有零星风沙覆盖。

（3）堆积地形　分布于四合—章古台一线以北。第四纪堆积厚松散层，形成风积冲积波状平原和风积冲积河谷平原。

风积冲积波状平原分布于西辽河与教来河两河谷平原之间，地势由西南向东北呈波浪式倾斜。由上更新统顾乡屯组黄土状土及中细沙组成平原基本轮廓。后经风沙再造，地表形成西北—东南向诸条沙垄和坨沼，远望确属风沙地貌，近看可见在风蚀作用强烈地段断续分布的黑色剥蚀面（即平原面）。沙垄主要分布在奈曼旗西北部，标高 290~380m，相对高差 5~10m，呈西北—东南走向的延伸纵向沙垄。在西辽河东侧因受河水影响，形成平行于河流的沙垄纵向相连。沙垄多由流动沙丘和半流动沙丘组成。坨沼呈带状分布于沙垄间，其分布和延伸方向严格受沙垄制约而与沙垄方向一致。标高 280~360m，相对高差 3~5m。沙丘多以固定和半固定状态存在，一般由粉细沙组成。

风积冲积河谷平原沿教来河、西辽河两侧呈带状分布，地面微具起伏，局部低洼，向东北倾斜。按其形态特征可分为：沙垄覆盖的一级阶地沿教来河两岸呈北西—南东向分布，在北西端与风积波状沙垄衔接。标高300~370m，多为流动和半流动沙丘。由风成粉细沙、冲积亚细沙、中细沙组成。坨沼覆盖的一级阶地，分布于沙垄之间，标高295~360m，相对高差2~3m，沙丘多为固定沙丘。丘间低洼可见阶面，前缘陡坎明显，坎高3~10m，由风成粉细沙、冲积亚砂土、亚黏土、中细沙组成。河漫滩阶地分布于西湖—大沁他拉—太山木头一带及老哈河沿岸。地势平坦开阔，标高240~380m，高出河床3~10m，前后缘陡坎明显，局部地段是发育不同程度的盐渍地。由冲积亚砂土、中细沙组成。河漫滩断续分布于西辽河和教来河两岸，由冲积粉细沙及薄层亚砂土组成。一般宽度1 000~6 000m，地势平坦。教来河两岸宽3 000~18 000m，高出河床0.5~1.5m。

3. 气候条件

奈曼旗地处北温带大陆性半干旱季风气候区。气候特点为：四季分明，春季干旱多风，夏季炎热多雨，秋季少雨凉爽，冬季干冷漫长。春秋升降温速度快，日温差大，降水时段集中，雨热基本同步。

全旗各地的年平均气温为6.0~6.5℃，最热月（7月）的平均气温为22.9~23.8℃，最冷月（1月）的平均气温为-12.1~13.8℃；南部夏季的气温较之中部和北部偏低，冬季则略高。全旗年平均日照时数为2 941~2 952小时，自南部向北部递增。无霜期日数一般在146~161天。全旗气压随着温度增高而降低，夏季气压为最低。7月气压达到最低后随着温度降低而逐渐升高，冬季气压最高，总体相对稳定。

全旗日照在全国属于光资源优秀地区，光照充足、光照强度好、光质好，是可利用的最佳再生资源。年太阳总辐射量大概为130.15kcal/cm^2，平均日照时间8.4小时，其中，冬季光照时间7.3小时左右，夏季平均日照时数8.5小时左右，春秋两季平均日照时数8.6小时。

全旗的平均降水量为366.1mm，南部多，北部少，有自南向北递减的趋势。降水主要集中在夏季，占全年的70%左右，其中7月最大，平均降水量为114.3~139.8mm，1月最少，降水量仅为0.6~1.1mm。全旗年平均相对湿度在52%~54%，春季空气湿度最小，夏季最大。

大风多、风速大是全旗气候中突出的特点之一。冬季多偏西北风，夏季多偏南风。旗内年平均风速为3.6~4.1m/s，其中春季平均风速最大，达到 4.4m/s 以上。全年大风的天数主要集中在春季，出现日数为 10.3 ~ 13.1 天，占全年总日数的 55% ~ 61%。

4. 水文条件

（1）地表水　多年平均地表水资源量为 1.45 亿 m³，全旗共有 6 条主要河流：教来河、老哈河、西辽河、孟可河、柳河和牤牛河（孟可河已经断流近 20 年，但国家河流名录中仍保留），河道总长度为 551.39km，其中教来河、老哈河、西辽河和孟可河 4 条河流发源于奈曼旗境外，为过境河流；牤牛河、柳河 2 条河流发源于其境内，为自产水河流。全旗境内流域面积 8 137.6km²，其中，教来河、老哈河、西辽河、孟可河和柳河属于辽河流域，流域面积为 6 910.3km²；只有牤牛河属于大凌河流域，流域面积为 1 227.3km²。全旗境内曾有大小自然湖泊 187 个，但由于多年干旱少雨和上游赤峰市修建拦河工程，导致全旗自然湖泊已经不见踪迹。

截至 2017 年年末，全旗共建有水库 38 座，设计总库容为 36 447.65 万 m³，其中：蓄水 1 亿 m³ 以上的大型水库 2 座，蓄水在 1 000 万 m³ 以上的中型水库 3 座，蓄水在 100 万 m³ 以上的小 I 型水库 10 座，蓄水在 50 万 m³ 以上的小 II 型水库 23 座。但由于奈曼旗连续近 20 年的干旱少雨和上游赤峰市修建拦河工程，致使全旗过境河流上的旁侧水库——舍力虎水库（大 II 型水库）和西湖水库（中型水库）相继干枯（表 2-1）。

表 2-1　奈曼旗境内主要河流情况

名称	流经苏木、乡、镇	境内长（km）	境内流域面积（km²）
老哈河	大沁他拉镇、八仙筒镇、明仁苏木	66.15	1 837.7
教来河	义隆永镇、大沁他拉镇、白音他拉苏木、八仙筒镇、固日班花苏木、黄花塔拉镇、东明镇及治安镇	172.54	3 688.6
杜贵河	新镇	33	233
牤牛河	青龙山镇、土城子乡、新镇、沙日浩来镇	65.42	1 227.3
柳河	青龙山镇	25	130.0
西辽河	明仁苏木	66	1 136.6
孟可河	大沁他拉镇、八仙筒镇、白音他拉苏木	123.28	—
合计		551.39	8 253.2

（2）地下水 全旗地下水年平均综合补给量达 5.92 亿 m³，地下水可利用量为 4.37 亿 m³。根据地下水的赋存条件与水力性质特征，全旗地下水划分为四种基本类型，即松散岩类孔隙水、碎屑岩类孔隙裂隙水、碳酸盐岩类裂隙溶洞水和基岩裂隙水。后 3 种主要分布于土城子、青龙山、白音昌等山区乡镇，富水性相对欠佳，而对农牧业供水最有意义的地下水为松散岩类孔隙水。地下水补给主要靠大气降水。

全旗境内地下水径流近东西走向，矿化度大部分为 0.2~0.5g/L。绝大部分地区为重碳酸钙镁、钙钠型水，局部盐碱化地区地下水含氟量偏高到 1~6mg/L，超过饮用水标准，但深部水质较好。地下水灌溉系数为 13.36~19.2，符合农业灌溉要求。

全旗地下水主要存在四个方面的问题：第一，中偏南部地区地下水含氟量较高；第二，南部山区山丘地带由于地质问题普遍缺水；第三，由于连年干旱，地下水位大幅度下降；第四，农牧业用水持续增长，平原区地下水位每年持续下降，幅度比较大。

5. 土壤与植被

全旗南部低山丘陵区的成土母质为第四纪残积物、坡洪积物、冲洪积物和风积物，中部和北部沙沼平原区为冲积、风积、湖积物所组成。全旗共有 6 个土类，16 个亚类，40 个土属，98 个土种。主要土壤类型有黄土、栗钙土、草甸土、风沙土 4 类。黄土主要分布在南部地区，占全区面积的 16%，易被水蚀，形成水蚀荒漠化；栗钙土为温带干旱，半干旱大陆性气候条件下发育的地带性土壤，主要分布在中南部，土壤质地较好，营养较丰富，但由于土地发生沙漠化，大部分已经发展为风沙土，所以栗钙土分布面积小；风沙土是分布面积最大的一类土壤，占总土壤面积的 65%，主要分布在北部，质地粗，结构差，养分含量低；草甸土为非地带性土壤，主要分布在沿河地带及坨沼甸子地中，其中有些为盐化草甸土，土壤养分含量高，植被生长好。

按地理地带和气候条件划分，全旗应是典型草原到森林草原的过渡型疏林草原植被，但是，由于沙地是一种独特的土地类型，对植物有强烈的影响，使该地区的植被形成了独特的既受地带性影响，又具有非地带性特征的植被类型。大致可分为 7 个类型，即浅山丘陵疏林草原植被、黄土丘陵阔叶灌木疏林草原植被、黄土台地半干旱草原植被、沙岗和沙垄上的沙生半干旱草原植被、草甸植被、盐生植被和湿性及水生植被。植物有 300 多种，以禾本科、菊科和豆科植物为主，其次为藜科、蔷薇科、百合科和莎草科等植物。

（二）资源禀赋条件

1. 土地资源

全旗总土地面积 8 137.6hm²，耕地、林地、草地面积占总土地面积比重较大，2016 年分别为 23.75%、41.62% 和 25.14%。耕地、城镇村及工矿用地、交通运输用地、其他土地面积均随时间推移呈上升趋势，其中，2016 年耕地面积较 2009 年增加了 10 258.64hm²，增加的面积主要体现在水浇地和旱地；而园地、林地、草地、水域及水利设施用地面积呈下降趋势，其中，2016 年林地、草地面积较 2009 年分别降低了 6 276.79hm²、5 077.53hm²；其他林地、其他草地面积下降幅度较大，与 2009 年相比，2016 年其分别降低了 3 830.02hm² 和 4 111.59hm²（表2-2）。

表2-2 奈曼旗土地面积分布状况　　　　　　（单位：hm²）

土地类型	名称	年度		
		2009 年	2013 年	2016 年
耕地	水田	2 657.08	2 657.08	2 656.84
	水浇地	75 780.49	76 369.22	80 846.98
	旱地	104 521.09	104 518.15	109 713.48
园地	果园	1 030.47	1 029.74	981.10
	其他园地	14.53	14.53	14.53
林地	有林地	107 847.15	107 706.47	106 145.43
	灌木林地	110 460.89	110 162.1	109 715.84
	其他林地	126 592.26	126 427.71	122 762.24
草地	天然牧草地	8 452.03	8 449.16	7 898.67
	人工牧草地	5 976.41	5 962.82	5 563.83
	其他草地	195 170.33	194 324.86	191 058.74

（续表）

土地类型	名称	年度		
		2009 年	2013 年	2016 年
城镇村及工矿用地	城市	0.00	0.00	2.28
	建制镇	3 301.42	3 700.28	4 141.12
	村庄	24 491.39	24 502.59	24 421.2
	采矿用地	537.61	541.23	538.85
	风景名胜及特殊用地	298.31	299.68	280.72
交通运输用地	铁路用地	481.69	645.48	645.46
	公路用地	1 990.03	1 989.73	1 997.83
	农村道路	6 738.05	6 765.08	6 824.94
水域及水利设施用地	河流水面	2 438.72	2 438.45	2 420.06
	水库水面	4 415.10	4 415.10	4 415.10
	坑塘水面	371.34	371.35	354.66
	内陆滩涂	8 114.97	8 114.38	7 912.85
	沟渠	957.1	960.05	941.11
	水工建筑用地	989.83	989.840	945.71
其他土地	设施农用地	343.85	637.46	879.74
	田坎	2 167.18	2 166.75	2 166.20
	盐碱地	334.56	334.38	330.20
	沙地	16 854.16	16 834.75	16 752.70
	裸地	194.18	193.8	193.81
总面积		813 522.22	813 522.22	813 522.22

2. 水资源

全旗水资源量主要以地下水为主，多年（>30 年）平均水资源总量为 6.75 亿 m^3，其中，地下水资源量为 5.92 亿 m^3，地下水可开采量为 4.37 亿 m^3，地表水资源量为 1.45 亿 m^3，重复计算水量为 0.61 亿 m^3，全旗水资源开发利用率（供水量占多年平均水资源总量的百分比）为 64.7%。然而，由于近年来干旱气候的缘故，2011—2017 年数据显示，平均水资源量为 5.98 亿 m^3，其中，地下水资源总量为 4.98 亿 m^3，地表水资源量 1.00 亿 m^3，地下水可利用量 3.67 亿 m^3，重复计算量

0.54亿m³，近7年平均水资源开发利用率为75%。全旗人均水资源占有量约为1 500m³，约为全国占有量的68%。

全旗地下水资源区域分布不均，中北部平原区多年平均资源量为5.21亿m³，占全旗地下水资源总量的88%，可开采量4.06亿m³，占全旗年可开采量的93%；南部黄土台地区多年平均资源量为0.35亿m³，占全旗地下水资源总量的6%，可开采量0.17亿m³，占全旗年可开采量的4%；南部低山区多年平均资源量为0.36亿m³，占全旗地下水资源总量的6%，可开采量0.13亿m³，占全旗年可开采量的3%。地下水由西南流向东北，水力坡度2/1 000左右。

（1）水量极丰富区　分布于苇莲苏、八仙筒、六号农场连线以北的地区，含水层岩性主要为中粗砂、中细沙、砂砾石等，厚度90～180m，单井涌水量3 000～5 000m³/d。水化学类型以HCO_3-Ca、$HCO_3-Ca+Na$型为主，矿化度<1g/L。

（2）水量丰富区　分布于水量极丰富区以南的黄土台地以北的地区及教来河河谷地段，含水层岩性主要为中细沙、细沙、粉细沙，局部地段为细粉沙、砂砾石，厚度50～150m，单井涌水量1 000～3 000m³/d。水化学类型多为HCO_3-CaMg、$HCO_3-Ca+Na$型，矿化度<1g/L。

（3）水量中等区　分布于中南部的黄土台地区及南部的山间河谷及沟谷区。黄土台地区含水层主要由上更新统所组成，岩性为黄土状粉土，含水层厚度一般为50～100m，并具有南薄北厚的特点，单井涌水量100～1 000m³/d。水化学类型以$HCO_3-Ca+Mg$、HCO_3-Ca型为主，矿化度<1g/L。山间河谷及沟谷区分布于牤牛河水文地质单元，含水层由全新统坡洪积层及冲洪积层所组成，岩性主要为中粗沙、砂砾石、卵石等，厚度5～13m，单井涌水量100～1 000m³/d。水化学类型为HCO_3-Ca型，矿化度<1g/L。

（4）水量贫弱区　分布于南部牤牛河水文地质单元丘陵区，低山区黄土状土覆盖地段及西辽河水文地质单元南部靠近分水岭的地区，含水层岩性主要为黄土状粉土及干夹碎石粉土，厚度5～40m。单井涌水量10～100m³/d，水化学类型为HCO_3-Ca型，矿化度<1g/L。该含水层（组）是南部几个乡（镇）目前及本次规划阶段的主要供水目的层。

表 2-3　奈曼旗历年用水与供水量统计情况　（单位：亿 m³）

| 年份 | 水资源量 | | | | 供水量 | | | | 可开采量 |
	地下水	地表水	重复量	合计	地表水	地下水	再生水	合计	地下水
2011	4.16	0.41	0.12	4.45	0.028	3.68	0	3.71	3.07
2012	6.64	1.07	0.35	7.36	0.035	3.52	0	3.87	4.9
2013	4.63	0.32	0.09	4.86	0.032	4.08	0	4.11	3.42
2014	4.52	1.18	0.5	5.2	0.018	4.09	0	4.11	3.34
2015	3.38	1.1	0.18	4.3	0.015	4.24	0	4.26	2.49
2016	5.79	1.14	0.14	5.83	0.016	4.24	0	4.28	4.27
2017	5.74	1.71	1.38	6.07	0.02	4.18	0.02	4.22	4.23

3. 矿产资源

奈曼旗南部山区为华北地区北缘，中部为松辽盆地西南端，不同的构造单元形成了奈曼旗南水泥灰岩和金属矿产、北铸型用砂、玻璃砂、压裂砂的基本格局。在成矿区域上，奈曼旗南部位于华北地台北缘东段，蕴藏了煤炭、油页岩、铜、铅、锌、铁、石页岩、水泥配料板岩、麦饭石等矿产。奈曼旗北部位于松辽盆地西南端，蕴含着石油、玻璃用砂、铸型用砂和粘土矿等矿产资源，资源分布相对集中，具有规模开采的良好条件。

目前，境内有金、银、铜、铁、铅锌及非金属矿产 30 多种，麦饭石、石灰石、大理石储量分别达到 0.17 亿 t、11 亿 t 和 405 万 m³，天然硅砂储量 300 亿 t，油母页岩储量 27 761 万 t（平均品位含油率）为 5%，主要提炼原油、黑色素和铝），板岩储量 4 647t，原油探明储量 7 700 万 t（勘探面积 800km²，其中西湖构造控制面积 11.3km²，石油地质资源量约为 1 500 万 t）。奈曼旗是中华麦饭石的原产地，中华麦饭石蜚声海内外，麦饭石、大理石、石灰石储并称"奈曼三石"；建筑砂、型砂、压裂砂并称"奈曼三砂"；金、铁、锌等矿藏储量丰富，并称"奈曼三金"。

4. 生物资源

奈曼旗地处半干旱的气候条件，土壤类型适宜，水源充足，曾是植物资源相当丰富的地域。但由于近年来受风沙吞噬，干旱少雨等自然条件的影响和人为破坏，致使生态受到破坏，沙化严重。境内现有木本植物 100

多种，草本植物 300 多种。树种资源有 28 科、48 属、103 种，其中自然起源的树种 40 种，人工起源的 60 多种。草本植物有野生种子植物 60 科、194 属、301 种。动物有脊索动物门、脊椎动物亚门野生动物 136 种，其中哺乳纲动物 30 种，鸟纲动物 75 种，爬行纲动物 10 种，两栖纲动物 4 种，鱼纲 17 种。另外有节肢动物门、气管亚门、昆虫纲动物共 555 种。

5. 旅游资源

全旗境内自然景观奇特，历史文化悠久，旅游资源比较丰富。辽代、清代的文化遗产颇丰，保存较为完整，都具有一定的旅游及观赏价值。南部属辽西山地北缘，群山起伏，层峦叠嶂，景色壮观；北部、中部沙湖风光旖旎，孟家段、西湖、舍力虎三大沙漠水库闻名遐迩；东部兴隆沼沙漠森林被誉为沙海绿洲。风景独特的"柽柳"林别有一番与众不同的景致。另有中部八仙筒镇的图勒恩塔拉草原景观、孟家段草原湿地等自然景观资源。

全旗具有丰富的历史文化旅游资源，清代历史名人故地奈曼王府反映了封建王公的等级尊严；辽代墓群显示了辽代的政治、经济、绘画艺术和契丹民族的习俗，陈国公主与驸马合葬墓被列为当年全国十大考古新发现之一。境内文物古迹众多，分布广泛。

奈曼旗是蒙古族聚居的地区，民族风情底蕴深厚，保留着许多古风遗俗。蒙古族同胞热情好客，能歌善舞，其民族服饰、狩猎活动、比赛、婚嫁礼仪、祭祀风俗等深受国内外旅游观光者的欣赏和赞美。

近年来，全旗依托蒙古族民俗风情、人文景观和生态景观，积极开发生态游、休闲游、民俗游、文化游、草原游，初步形成了"一核两翼三大片区"旅游布局。"一核"即：以大沁他拉镇为外核，以旗文化产业示范园为内核；"两翼"即：以萧氏家族墓群、老道山、青龙山洼、燕长城遗址、汉古城遗址、红山文化遗址为主，辅以山区水库、温泉、农业林观光园、采摘园等南翼文化旅游区域；以包古图沙漠、孟家段水库（古龙化州及广平淀景区）、兴隆沼森林公园、固日班花那达慕为主，辅以柽柳林风情园、沿国道 111 线采摘园等北翼文化旅游区域；"三大片区"即：中片区以文化产业园、奈曼文化主题沙雕园、蒙古野果观光采摘风情村（兴隆庄）为主。北片区重点以沙湖渔民风情小镇（孟家段）、沙漠森林风情小镇（兴隆沼）、大漠古榆风情村（色金—长泊捺钵大营）、沙漠风电观光摄影基地、汽车沙漠越野体验基地、沙漠绿洲观景和低空飞行体验基地。南片区重点以古塞边城风情小镇（土城子）、新镇柏盛园影视城、中华麦饭石原产地、青龙山、青龙寺等文化旅游景观为主。素有"长河落日、古榆桎柳、大漠驼铃、鱼米之乡"美誉的奈曼旗让游客尽情看草原、玩沙漠、吃手扒肉、品奶食、听蒙古书，尽情体验辽蒙独特的民族风情和多彩的民俗文化魅力。

（三）环境质量状况

1. 水环境质量现状

（1）主要河流 据国家重点生态功能区县域生态环境质量考核自查监测数据，"十二五"以来，全旗主要河流水环境质量保持稳定，全旗地表水水质监测断面为1个，为老哈河监测断面，水质达标率为100%，达到Ⅲ类水质标准。全旗2015年国家重要水功能区6个，参加评价3个，不达标1个，达标率66.7%；自治区级水功能区5个，均未参加评价。全旗2016—2017年国家重要水功能区6个，参加评价3个，未评价2个（河干等缘故），达标率100%；自治区级水功能区5个，参加评价3个，达标率100%。可见，2016年和2017年的水质有了明显改善，是水行政部门和当地政府加强了水功能区管理和实施全年禁牧，减少水功能区面源污染。

（2）集中饮用水源地 全旗对大镇和大镇常胜村、新镇村、八仙筒镇迈吉干筒村等3个农村集中式饮用水水源地水质进行监测，大镇城区和其他苏木乡镇农村集中式饮用水水源地的水质达到《地表水环境质量标准》（GB 3838—2002）Ⅲ类水域标准限值要求，达标率为100%（表2-4，表2-5）。

2. 大气环境质量现状

大气环境质量的评定，主要按空气中所含污染物的量来衡量，以对人体健康影响的程度为尺度。大气污染主要来自工业、水泥、畜禽和集中供热等。全旗按照国家重点生态功能区质量考核工作要求，2011—2016年开展了旗区环境空气质量监测工作，监测数据表明，环境空气中尘类污染物和二氧化硫是影响全旗空气质量的主要因子。全旗废气污染物排放总量呈现逐年下降趋势，2016年二氧化硫、氮氧化物和烟（粉）尘年排放量

表 2-4 奈曼旗 2015—2017 年度国家重要水功能区双因子水质达标评价结果

年度	序号	水资源一级区名称	一级水功能区名称	二级水功能区名称	行政区	目的水质	测站名称	现状水质	达标评价	主要超标项目的超标率与年均值	备注
2015年	3	辽河区	老哈河奈曼旗开发利用区	老哈河奈曼旗工业用水区	奈曼旗	Ⅳ	白音套海	Ⅲ	达标		
	16	辽河区	清河通辽市开发利用区	清河通辽市农业用水区	奈曼、开鲁、科区、左中	Ⅳ	东来		未评价		河干
	17	辽河区	教来河奈曼旗开发利用区	教来河奈曼旗工业用水区	奈曼旗	Ⅳ	道力歹水文站		不参评		
	25	辽河区	忙牛河奈曼旗源头水保护区		奈曼旗	Ⅱ	后薛家店	Ⅳ	不达标	高锰酸盐指数（22.2%）[6.2]，氨氮（22.2%）[0.94]，五日生化需氧量（22.2%）[4.3]	
	26	辽河区	忙牛河奈曼旗开发利用区	忙牛河奈曼旗工业用水区	奈曼旗	Ⅲ	初家杖子	Ⅲ	达标		
	27	辽河区	忙牛河辽蒙缓冲区		奈曼旗	Ⅲ	新营子		未参评		
2016年	3	辽河区	老哈河奈曼旗开发利用区	老哈河奈曼旗工业用水区	奈曼旗	Ⅳ	白音套海	Ⅲ	达标		
	16	辽河区	清河通辽市开发利用区	清河通辽市农业用水区	奈曼、开鲁、科区、左中	Ⅳ	东来		未评价		河干
	17	辽河区	教来河奈曼旗开发利用区	教来河奈曼旗工业用水区	奈曼旗	Ⅳ	道力歹水文站		未评价		河干
	25	辽河区	忙牛河奈曼旗源头水保护区		奈曼旗	Ⅱ	后薛家店	Ⅱ	达标		

（续表）

年度	序号	水资源一级区名称	一级水功能区名称	二级水功能区名称	行政区	目标水质	测站名称	现状水质	达标评价	主要超标项目的超标率与年级值	备注
2016年	26	辽河区	忙牛河奈曼旗开发利用区	忙牛河奈曼旗工业用水区	奈曼旗	Ⅲ	初家杖子	Ⅱ	达标		
	27	辽河区	忙牛河蒙辽缓冲区		奈曼旗	Ⅲ	新普子	Ⅲ	达标		
2017年	3	辽河区	老哈河奈曼旗开发利用区	老哈河奈曼旗工业用水区	奈曼旗	Ⅳ	白音套海	Ⅲ	不参评		
	16	辽河区	清河通辽市开发利用区	清河通辽市农业用水区	奈曼、开鲁、科区、左中	Ⅳ	东来		未评价		河干
	17	辽河区	教来河奈曼旗开发利用区	教来河奈曼旗工业用水区	奈曼旗	Ⅳ	道力歹水文站		未评价		河干
	25	辽河区	忙牛河奈曼旗源头水保护区		奈曼旗	Ⅱ	后薛家店	Ⅱ	达标		
	26	辽河区	忙牛河奈曼旗开发利用区	忙牛河奈曼旗工业用水区	奈曼旗	Ⅲ	初家杖子	Ⅱ	达标		
	27	辽河区	忙牛河蒙辽缓冲区		奈曼旗	Ⅲ	新普子	Ⅲ	达标		

表 2-5 奈曼旗 2015—2017 年度自治区级水功能区双因子水质达标评价结果

年度	序号	水资源一级区名称	一级功能区名称	二级功能区名称	行政区	目标水质	水质代表断面	现状水质	达标评价	备注
2015年	25	辽河区	孟克河奈曼旗开发利用区	孟克河奈曼旗工业用水区	奈曼旗	IV	西湖		不参评	
	36	辽河区	后斑鸠西沟奈曼旗源头保护区		奈曼旗	II	石碑水库入库		不参评	
	37	辽河区	后斑鸠西沟奈曼旗开发利用区	后斑鸠西沟奈曼旗工业用水区	奈曼旗	IV	入忙牛河河口（后斑鸠西沟）		不参评	
	38	辽河区	春玉河奈曼旗源头保护区		奈曼旗	II	岗岗水库入库		不参评	
	39	辽河区	春玉河奈曼旗开发利用区	春玉河奈曼旗工业用水区	奈曼旗	IV	入忙牛河河口（春玉河）		不参评	
2016年	25	辽河区	孟克河奈曼旗开发利用区	孟克河奈曼旗工业用水区	奈曼旗	IV	西湖		不参评	河干
	36	辽河区	后斑鸠西沟奈曼旗源头保护区		奈曼旗	II	石碑水库入库		不参评	河干
	37	辽河区	后斑鸠西沟奈曼旗开发利用区	后斑鸠西沟奈曼旗工业用水区	奈曼旗	IV	入忙牛河河口（后斑鸠西沟）	II	达标	
	38	辽河区	春玉河奈曼旗源头保护区		奈曼旗	II	岗岗水库入库	II	不参评	
	39	辽河区	春玉河奈曼旗开发利用区	春玉河奈曼旗工业用水区	奈曼旗	IV	入忙牛河河口（春玉河）	II	达标	

（续表）

年度	序号	水资源一级区名称	一级功能区名称	二级功能区名称	行政区	目标水质	水质代表断面	现状水质	达标评价	备注
	25	辽河区	孟克河奈曼旗开发利用区	孟克河奈曼旗工业用水区	奈曼旗	IV	西湖		不参评	河干
	36	辽河区	后斑鸠西沟奈曼旗源头保护区		奈曼旗	II	石碑水库入库		不参评	河干
2017年	37	辽河区	后斑鸠西沟奈曼旗开发利用区	后斑鸠西沟奈曼旗工业用水区	奈曼旗	IV	入忙牛河河口（后斑鸠西沟）	II	达标	
	38	辽河区	春玉河奈曼旗源头保护区		奈曼旗	II	岗岗水库入库	II	达标	
	39	辽河区	春玉河奈曼旗开发利用区	春玉河奈曼旗工业用水区	奈曼旗	IV	入忙牛河河口（春玉河）	II	达标	

分别为 568.58t、964.40t 和 885.12t，较 2015 年下降了 88.4%、59.6% 和 73.2%，其中来自工业的废气污染物年排放量所占比重较大。"十三五"以来，全旗环境空气质量优良，空气环境良好天数 340 天以上，二氧化硫、氮氧化物、可吸入颗粒物的日均值均能达到《环境空气质量标准》（GB 3095—2012）的一级标准浓度限值，大气环境质量总体上达到国家要求的空气质量标准（图 2-3）。

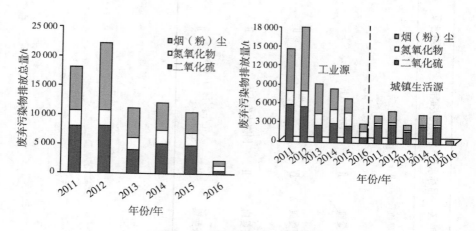

图 2-3　废弃污染物排放情况

3. 声环境质量现状

全旗声环境质量总体较好，大部分地区均满足《声环境质量标准》（GB 3096—2008）中的限值要求，满足标准的天数大于 300 天。

4. 固体废弃物污染防治现状

"减量化、资源化、无害化"是固体废物污染防治的总原则。"减量化"是通过适宜的手段减少固体废物的数量和容积。"资源化"是指采用工艺技术，从固体废物中回收有用的物质与资源。"无害化"是将不能回收利用资源化的固体废物，通过物理、化学等手段进行最终处置，使之达到不损害人体健康，不污染周围的自然环境的目的。

"十三五"以来，全旗随着农业现代化、工业化、城镇化进程的加快，固体废物的产生量不断增加，产生种类也不断增多，对环境的压力也越来越大。同时随着旗内新材料、建材、蒙中药等行业的快速发展和污泥处置问题，将产生大量的危险固体废弃物，危险固体废弃物处置的不便将影响这些行业的发展，同时存在严重的环境安全隐患。因此，全旗在"十三五"以来，加强对典型工业污泥的处置工作，尤其是含油、含重金属和含有毒有机物的污泥，有重点地推进危废和污泥处理处置工程设施的建设，建立全过程的管理体系，规范危险废物处置。

5. 放射性与辐射环境现状

全旗重点污染源排污许可证发放率和辐射工作单位安全许可证发放率均达到100%。

6. 农村生态环境保护现状

我国高度重视农村环境保护工作，党的十八大报告提出了"建设生态友好型社会"，党的十八届三中全会提出了"用制度保护生态环境"，党的十九大报告更是提出"生态文明建设事关中华民族永续发展和'两个一百年'奋斗目标的实现，保护生态环境就是保护生产力，改善生态环境就是发展生产力"。近年来，奈曼旗坚持生态保护和经济发展协调并重的原则，贯彻落实"山水林田沙"是一个生命共同体的新理念，采取了植树造林，水库加固，矿山整顿，改水改厕改灶、能源建设及能源替代工程、重点区域天然林资源保护和退耕还林工程、农村水利设施和农村饮用水水源地保护工程等一系列保护和改善农村生态环境的重大举措，加快了实施生态保护修复重大工程，加大了生态环境保护力度，使全镇（乡）农村生态环境得到了有效保护和改善。造林绿化取得一定成效，重点区域绿化10万亩，新增造林绿化面积102.6万亩，森林覆盖率提高到30.8%，林草植被覆盖度达到50%。通过生态移民、三北防护林、人工植树种草等多种综合措施，按先易后难、防治并举的思路，有效治理沙地549万亩，土地沙化退化现象得到有效遏制。在防沙治沙的同时，不断探索沙地经济和沙产业。在"三北"防护林体系工程的带动下，相继创造出了以兴隆沼为代表的农牧场防护林建设模式，以生态经济圈和家庭生态牧场为代表的沙地综合治理模式，以巴苇穿沙公路为代表的沙区筑路扶贫开发模式，基本形成了防沙、治沙的绿色生态产业体系。自然保护区、风景名胜区、森林公园建设逐步完善，建成千亩生态公园、辽河大街街角游园，新增绿化面积120万 m^2，城区绿化覆盖率达到40%。但农村生态环境仍面临严峻形势，突出表现在：旗区重要水库、湿地日趋萎缩，植被退化、山地沙漠化；有林地、多林区的乱砍滥伐采，致使林木植被遭到破坏，生态功能衰退，水土流失加剧，导致一些地表径流水断流、地下水位下降严重，抵御干旱的能力不断下降，如教来河已于 2006 年断流，西湖水库、舍力虎水库因上游无水源补给，水库相继干涸；农药化肥和农用薄膜的大量不合理使用，导致土质降低，农业面源污染加剧；生活污水任意排放，生活垃圾、畜禽粪便堆放，导致农村人居环境质量下降，导致农村环境脏、乱、差现象普遍存在。

（四）农村生态环境主要问题

1. 畜禽养殖废弃物污染

（1）来源　畜禽养殖对水源的污染主要来自畜禽粪便和养殖场污水。目前，我国大多数养殖场的畜禽粪便处理能力不足，60% 以上的粪便得不到科学处理而被直接排放。畜禽粪便中含有大量污染物，包括病原微生物、有机质以及氮、磷、钾、硫元素等。随意堆放的粪便经雨水冲刷排入水体，使水中溶解氧含量降低，水体富营养化，从而导致水生生物过度繁殖。畜禽粪便被过度还田后还会使有害物质渗入地下水，引发地下水中硝酸盐浓度超标，严重威胁人类健康。据环保部门统计，高浓度养殖污水被直接排放到河流、湖泊中的比例高达 50%，极易造成水源生态系统污染恶化。

（2）对大气污染　畜禽养殖对大气的污染主要表现在两个方面：一是畜禽粪便产生的恶臭。规模化养殖的饲养密度较大、环境潮湿，畜禽粪便大量堆积时，硫醇、硫化氢、氨气、吲哚、有机酸、粪臭素等有毒有害物质会经粪便腐败分解而进入大气环境中，为动物疫病的传播提供了有利条件，同时严重危害人类身体健康；二是畜禽饲养造成的温室效应。目前，畜牧业是我国农业领域第一大甲烷排放源，也是全球排名第二的温室气体来源，人类活动产生的温室气体中，有 15% 左右来自畜牧业。经联合国粮农组织测算，全球每年由畜禽养殖产生的温室气体所引发的升温效应相当于 71 亿 t 二氧化碳当量。在畜禽动物中，牛是最大的温室气体制造者，每年畜牧业甲烷排放总量中，有 70% 以上来自牛。

（3）对土壤污染　畜禽养殖对土壤的污染主要表现在畜禽粪便过量施用造成的土壤结构失衡和有害物质在土壤中的累积。规模化养殖的粪便排放量大，远远超出了土壤的承载能力，无法及时被消纳的粪便会造成土壤结构失衡，过度还田施用还会导致土壤中的氮、钾、磷等有机养分过剩，从而阻碍农作物的生长。

2. 过度使用农膜

农用塑料制品在促进农业生产发展的同时，会对农田生态环境造成污染和破坏。农地膜的原料是人工合成的聚乙烯材料，该材料分子结构非常稳定，很难在自然条件下进行光降解和热降解，也不易通过细菌和酶等生物方式降解，一般情况下，残膜可在土壤中存留 200~400 年。阻碍土壤毛管水和自然水的渗透，降低土壤通透性，影响土壤微生物活动和土壤肥力水平；影响种子发芽和导致作物根系生长发育困难同时，残膜隔离作用影响农作物正常吸收养分，影响肥料利用效率，致使产量下降，减产率8.3%~54.2%；残膜碎片可能与农作物秸秆和饲料混在一起，牛羊等家畜误食后造成肠胃消化功能不良，严重时会引起牲畜死亡；残膜不回收，或者回收不彻底，直接造成"视觉污染"。随着覆膜年数增加，土壤中不断积累的残膜缠绕农机具妨碍耕作活动；将残膜碎片焚烧，产生有害气体污染大气环境，危害人体健康。

3. 水资源供给不足

水资源需求包括农业用水、工业用水、城镇生活用水 3 个方面。由于存在着农业用水超采、水资源分配不均、水利化程度高低不均等因素，特别是在奈曼旗多年干旱的大背景情况下，奈曼旗部分山区乡镇工程性缺水问题仍将长期存在。工业用水方面由于将控制低效高耗型工业企业发展，鼓励发展污染较小的乡镇企业、绿色企业，奈曼旗今后工业企业用水需求会有所增长，但增长不会太大。随着城市化的发展，人民生活水平的提高，城镇生活及公共设施用水需求将大大增加，在现在的基础上，城镇生活用水将会日趋紧张。

4. 部分水体受到污染，地下水位逐年下降

农村水体污染源主要表现为：少量工业污染、禽畜养殖废水、土壤过度施肥、农药用量超标、生活污水等，未经处理的废水直接排放，进入地表水体或地下水，使得水环境遭受到污染威胁。近几年农村旱涝灾害严重，河流断流，水库蓄水减少，地下水位下降严重，部分乡镇、苏木没有地表水，浇灌农田全靠抽取地下水漫灌，用水方式较为粗放，地下水位逐年下降，例如治安镇每年地下水位下降高达 50cm，水生态系统遭受到潜在威胁。

5. 农药化肥的过量使用

（1）农药的过量使用造成一定的生态环境破坏　目前，农业种植几乎所有作物都要喷洒农药，农药大量施用后，易造成大气、水环境污染以及土壤板结。流失到环境中的农药通过蒸发、蒸腾，飘到大气之中，飘动的农药又被空气中的尘埃吸附住，并随风扩散，造成大气环境的污染。大气中的农药，又通过降雨，这些农药又流入水里，从而造成水环境的污染，对人、畜，特别是水生生物（如鱼、虾）造成危害。同时，流失到土壤中的农药，也会降低土壤微生物的活性，造成土壤板结。

（2）化肥不合理使用对生态环境造成了一定的污染　长期过量施用化肥对土壤环境、水环境和大气环境均有影响。长期过量施用化肥不仅会造成土壤酸化和板结，降低有机质含量，导致土壤养分不平衡，进一步影响农作物产量和质量。农田大量施用氮肥和磷肥，通过地表径流容易引起水体富营养化，进而污染地表水；施用氮肥会使大量 NO_3^- 被淋洗到深层土壤中，特别是降雨天气下，随降雨渗透到地下水，威胁到地下水安全。施肥影响氮氧化物（NOx）、甲烷（CH_4）、二氧化碳（CO_2）等气体的排放，尤其是过量施用氮肥造成农田土壤 NOx 排放量增加，造成大气污染。因此，科学合理施用化肥，采用精准施肥、配方施肥等技术，有利于减轻农业面源污染；积极发展现代生态农业，有效解决化肥污染，实现高产高效与资源环境协调发展。

6. 矿产资源的不合理开发

矿产资源的不合理开发，既破坏了自然环境，也使其生态功能退化、生态失衡，给当地人民的生产、生活和周边生态环境造成了一定危害。

7. 农村基础设施薄弱

随着农村经济的快速发展，农业生产技术不断更新，人民生活水平不断提高，农村基础设施建设明显滞后，远远不能满足农民日益增长的对美好生活的需求。主要包括村内道路建设、自来水供给、污水处理、河道治理、垃圾收集处理、改厕、路灯亮化、通公共交通、电网改造、有线电视等。问题最为突出的为缺乏专项的环卫管理体系和垃圾收运系统。农村区域环境卫生基础设施的规划建设比较落后，而且管理相对缺失，环卫基础设施基本都处在空白状态，导致农村生活垃圾长时间处在无序堆放和无人管理地步。目前，各镇（除大沁他拉镇）垃圾临时存放点为简易的垃圾坑进行露天堆放、简单掩埋等。各村居民集中区的垃圾随意倾倒或进行焚烧处理。由于垃圾的长期裸露，在雨水的强烈冲刷下，垃圾中存在的有机物与有害物质会侵入水体，进而严重污染水体。对于垃圾腐烂形成的恶臭会滋生蚊虫与传播疾病，对垃圾进行分解或是焚烧产生的有害气体还会污染大气，严重危害人们的身体健康。乱堆和乱放垃圾，还造成景观污染，严重影响村庄的生态环境，破坏人们的居住环境，是建设美丽乡村的主要障碍之一。

8. 土壤沙化和盐碱化严重

由于过度放牧，乱采滥伐等过度开发，地表植被减少。旗域中西部土壤沙化和盐碱化严重。

三、社会经济发展状况

（一）社会发展

1. 历史沿革

奈曼境内自夏、商、周各个朝代甚至更早时期已经有人类的活动。秦代为东胡民族游牧之地。西汉为匈奴辖地。三国时为鲜卑人所据。东晋契丹人入据。南北朝为北魏辖地。隋代为辽西郡北境。唐代先后为河北道营州都督府和松漠都督府辖地。五代十国为契丹属地，契丹建辽后属上京道临潢府。金代属北京临潢府路辖区。元时为辽王封地，后为蒙古人入据。明代划为大宁都指挥使司大宁卫辖地。16世纪中叶以奈曼为所部号，为察哈尔八鄂托克之一。后金时奈曼部脱离察哈尔归附后金。

至清太宗时该部划为一旗，袭用原名为"奈曼旗"。清世祖时属昭乌达盟。乾隆年间在奈曼旗设置巡检署，就近处理诸旗汉民事务，后改治朝阳县，至嘉庆年晋升为朝阳府。光绪年间在小库伦（今库伦镇）设置绥东县，治理奈曼王旗等旗的汉人区域。1930年6月，绥东县设治局从库伦迁址于奈曼旗八仙筒，1934年12月撤销。

1914年奈曼旗隶属热河特别行政区昭乌达盟。1928年隶属热河省昭乌达盟。东北沦陷时期，奈曼旗划归兴安西省管辖。1935年3月，伪奈曼旗公署成立。1943 年 10 月，奈曼旗归兴安总省所辖。抗日战争胜利后，伪奈曼旗公署解体。1946 年 1 月，奈曼旗由东蒙古自治政府的兴南地区办事处管辖。3 月，成立奈曼旗政府，隶属于哲里木省政府。6 月，撤哲里木省，建哲里木盟。9 月，奈曼旗归辽吉第一专署管辖。12 月，归辽北省第一专员公署所辖。1947 年 11 月，转由辽北省第五专员公署管辖。1948 年 9 月，复归辽北省哲里木盟政府所辖。

1949 年 4 月，奈曼旗随同哲里木盟划归内蒙古自治政府。1953 年 3 月，隶属内蒙古东部区行政公署。同年 4 月，复隶于恢复建制的哲里木盟人民政府。1969 年 7 月，奈曼旗随哲里木盟隶属于吉林省。1979 年 7 月，随哲里木盟重新划归内蒙古自治区。1999 年 8 月，哲里木盟撤盟设立地级通辽市，奈曼旗隶属内蒙古自治区通辽市管辖，旗党政机关驻大沁他拉镇。

2. 行政区划与人口

奈曼全旗有大沁他拉、八仙筒、青龙山、新镇、治安、东明、沙日浩来、义隆永 8 个镇；固日班花、白音他拉、明仁、黄花塔拉 4 个苏木；土城子、苇莲苏 2 个乡；六号农场 1 个（六号农场人口与用地计入治安镇），共 15 个乡镇级政区。

2016 年，全旗总人口 44.75 万人，其中城镇人口 12.55 万人、非农业人口 32.2 万人。奈曼旗是一个以蒙古族为主体，汉族占多数的少数民族聚居地区。

3. 社会事业

（1）社会发展已有一定基础　改革开放以来，奈曼旗经济的快速增长促进了社会的全面发展，特别是 2013 年以来，奈曼旗经济社会建设得到了长足发展，为今后经济社会全面协调发展打下了良好基础。

基础设施方面，大沁他拉镇城市总体规划完成修编，深入实施城关镇"北延东扩"战略，建成区面积由 19.9km² 拓展到 23.6km²。新建改造辽河大街、孟家段大街等道路 9 条，打通断头路 28 条，形成了十横六纵城区路网框架。重点打造了青龙山、八仙筒、白音他拉、东明四个特色小镇，苇莲苏乡、土城子乡建设快速推进，苏木乡镇小城镇驶入发展快车道，带动全旗常住人口城镇化率达到 41%。新增节水灌溉面积 82 万亩，总面积达到 145 万亩。新建小 II 型水库 1 座，塘坝等水源工程 44 处，新增农田灌溉面积 11 万亩。协助推进了京通铁路电气化改造，率先启动通用机场建设。大白高速奈曼段顺利开工，新建通村水泥（沥青）路 1 491km，农村公路总里程达到 3 607km，行政村和自然村公路通畅率达到 100%。完成街巷硬化 4 971km，水泥路修到了百姓家门口。奈曼开发区 220kV 变电站、通辽南部环网输变电工程建成投运，新建改造 66kV 变电站 9 座。光纤网络、移动 4G 通信网络实现行政嘎查村全覆盖，宽带水平大幅提升，移动互联网应用走进千家万户。

卫生方面，积极创建自治区健康县城，旗人民医院、蒙医医院、妇幼保健所迁入新址，建成标准化卫生院 12 家，嘎查村标准化卫生室实现全覆盖，基本医疗卫生保障水平明显提升。

文化方面，新建镇级综合文化站 3 个、嘎查村文化活动室 221 个、文化广场 254 个。实施有线电视和直播卫星"村村通""户户通"工程，实施了奈曼王府环境整治及修复工程，新增国家级重点文物保护单位 2 个、市级以上非遗保护传承项目 8 个。启动了《奈曼历史文化丛书》编撰工作，出版发行了《奈曼旗文化志》，录制了乌力格尔《镇压莽古斯英雄史诗》。中国·奈曼网和"活力奈曼"微信平台成为传播奈曼文化、提升奈曼形象的主力阵地。落实文化惠民工程，连续举办诺恩吉雅文化节。建成了版画创作培训基地，创作了一批精品力作，代表自治区参加了中国（深圳）国际文化产业博览会，奈曼版画走出国门、走向世界。大型舞剧《那一片绿》，获第十届"科尔沁艺术节"金奖。创建各级文明单位 203 家，舍力虎村、西地村被评为全国文明村。

教育方面，累计投入资金 10.3 亿元，新建改造学校 245 所，建设幼儿园 65 所，公开招录教师 925 人，引进研究生学历教师 140 人。旗民族职专被确定为国家级示范校。

体育方面，建成了旗足球综合训练馆、苏鲁特网球中心，体育活动场地遍布社区、村屯。成立了旗体育总会，单项协会发展到 22 个，广泛开展全民健身活动，打造了乃蛮体育节群众体育品牌。承办了国际女子网球巡回赛等一批重大赛事，体育产业开始起步。

社会治理方面，加强和创新社会治理，不断完善立体化社会治安防控体系，法院、检察院综合业务楼落成启用，建成公安业务技术大楼和警用物资装备库，扩充警力 170 名。成立了拥警协会，建立警务共同体 183

个。刑事案件破案率明显提升，治安案件和命案侦破率达到100%，对违法犯罪形成了有力震慑，群众安全感普遍增强。

（2）改革开放呈现新气象 重点领域改革取得重大突破，持续推进"放管服"改革，组建了政务服务和公共资源交易中心，优化再造审批流程，大幅压减审批环节和审批材料，审批事项办理时限压缩60%以上。深化商事制度改革，全面推行注册资本认缴、"多证合一"等登记注册制度，工商登记更加便利快捷，全旗各类市场主体总数达到2.4万户，较2012年翻了一番。深化农村牧区综合改革，启动了供销社改革，完成了农村土地、草原承包经营权确权登记颁证工作。成立了农村牧区集体产权交易管理中心，推行"三权分置"，培育了大镇先锋、青龙山互利、白音他拉伊和乌素等土地规模化、集约化经营典型，农村新的经营模式不断涌现，闯出了农村发展的新路子。实施了公立医院综合改革，建立了分级诊疗制度，实现了药品"零差率"销售，减轻了群众医药负担。

积极主动扩大对外开放，不断集聚发展新动能，与北京西城区、河北安国市、浙江嘉兴市秀州区、安徽池州市贵池区、辽宁北票市等地区建立友好合作关系，区域合作不断加强。毕氏集团、牧原集团、金世集团、凌云海糖业等一批行业领军企业入驻奈曼，五年累计外引内联项目178个，到位资金302亿元。全力以赴争资融资，累计争取上三级项目资金73.8亿元，依托鼎信集团等融资平台成功融资30.77亿元，为经济社会发展提供了有力保障。

科技合作与科技创新取得了新成绩，深化与中国科学院北京分院、内蒙古民族大学等院地校地合作，组建了轻量化新材料专家院士工作站。争取实施国家、自治区重大科技专项及科研项目11个，获得国家专利21项、自治区科技进步奖2项。成功引进羊胚胎移植技术，建成了甘薯脱毒育秧繁育基地，科技贡献率进一步提高。

（3）民生工程硕果累累 始终把脱贫攻坚作为政治任务和头号民生工程，全力聚焦"两不愁、三保障"工作目标，认真落实"五个一批""六个精准"扶贫政策，精准实施"三到村三到户"、易地扶贫搬迁等重大工程，安排1 770名干部联村包户，量身定制精准扶贫措施，实现了75个重点贫困嘎查村产业扶贫、金融扶贫全覆盖。大力开展精神扶贫，贫困群众主动脱贫意识显著提高。广泛开展社会扶贫，集中开展"扶贫日"

行动，社会各界奉献爱心助力扶贫，累计投入社会扶贫资金1.9亿元。实施大病、重病、慢病"三兜底"分类保障政策，兜住了因病致贫的底线，健康扶贫走在了全市前列。五年来，累计投入扶贫资金8.15亿元，扶持16 233户、57 736名贫困群众稳定脱贫。

创业就业环境不断优化，培育创业园区3处、创业网点344个。累计发放小额创业担保贷款8 800万元，新增城镇就业11 900人，农牧民转移就业43万人次，城镇登记失业率控制在3.9%以内。覆盖城乡的社会保障体系不断完善，城乡居民最低生活保障、农村五保供养标准年均增长10%以上，累计发放补助资金4.86亿元，实现了应保尽保。城乡居民"五险"新增扩面14.9万人，达到30.2万人。成立了旗慈善总会，募集款物折合资金4 432万元。全方位开展社会救助工作，累计发放各类救助资金8 981万元，困难群体得到了及时有效救助。实施百姓安居工程，建成保障性住房1 316套，改造棚户区1 536户、农村危土房28 225户。实施饮水安全工程235处，解决了12.9万人的饮水安全问题。自治区"三个一"民生工程全部落实。职工工资正常增长、不拖不欠，"一卡通"发放惠农惠牧资金32.7亿元，农牧民人均政策性收入达到1 700元以上，广大群众得到了更多实惠。

（4）生态文明建设稳步推进 生态建设全面加强。完成科尔沁沙地"双千万亩"综合治理292.5万亩，水土保持综合治理10.7万亩，重点区域绿化10万亩，新增造林绿化面积102.6万亩，森林覆盖率提高到30.81%，林草植被覆盖度达到50%。建成千亩生态公园、辽河大街街角游园，新增绿化面积120万 m²，城区绿化覆盖率达到40%。

（二）经济发展

1. 国民经济总体概况

五年来，奈曼旗贯彻五大发展理念，转变发展方式，坚定不移地发展工业带动型县域经济，经济保持中高速增长。2017年，全旗地区生产总值达到70.62亿元，同比增长4.6%。

2. 产业发展概况

（1）农业产业 农业结构调整迈出重大步伐。始终坚持农业基础地位不动摇，粮食总产连续五年稳定在15亿kg以上。蒙中药材、沙地西瓜等高效特色作物由 95 万亩发展到 140 万亩。果树经济林由 13 万亩发展到 27 万亩，成为全区最大的蒙古野果基地。坚持"为养而种、种养结合"，建设饲草基地 50 万亩，牧业年度家畜存栏达到 274 万头（只），养殖规模翻了一番，群众种草养畜积极性普遍提高。特色种植业和养殖业收入占农民人均可支配收入比重达到 50% 以上。建成了大镇现代农业科技园、蒙东种驴繁育科技园和青龙山甘薯科技产业园，全旗各类新型农牧业经营主体发展到 3 023 个。推行绿色、标准化生产，创建自治区名牌产品 3 个，认证绿色有机产品 9 个，注册地理标志证明商标 6 件、位居全市第一。实施畜牧业"良种繁育工程"，肉羊改良步伐加快，黄牛改良达到 100%。农业综合机械化率提高到 86.7%。农村生产方式明显转变，农牧业产业化和农牧民专业化水平大幅提升。

（2）工业产业　工业主导产业培育成效显著。坚持发展工业带动型县域经济，累计实施重点项目 94 个，建成投产 67 个，夯实了发展基础。抢抓机遇、攻坚克难，成功引进河北华氏集团，拟投资 150 亿元的经安镍基合金新材料项目即将上马。和谊新型镍铬复合材料项目建成投产，镍铁产能达到 20 万 t，年产值达到 12 亿元，新材料产业稳步成长。完成仁创整体搬迁，建成沙产业园，宏基水泥、华明建材、寅兴钢构建成投产，新型建材产业规模不断壮大。建成了绿色农畜产品加工园区，引进建设了天奈药业、凌云海糖业等一批重点项目，绿色农畜产品及蒙中药材加工产业发展势头强劲。辽河油田新增产能 4 万 t，林木质电厂复产发电，风力、光伏发电装机容量达到 34 万 kW，新能源产业快速发展。完成了化工园区综合整治和转产搬迁，确立了工业园区"一园三区"发展框架，新建了园区铁路专用线，建成了新区污水处理厂，和谊 220kV 变电站投入运营，"大园区"格局基本形成。涉企优惠政策全部兑现，累计协调大用户直供电 11 亿 kW·h，落实助保金贷款 3.36 亿元，企业降本增效成效明显。五年间，全旗新增规模以上工业企业 16 家，推动 9 家停产半停产企业恢复生产。工业用电量达到 6.3 亿 kW·h，是 2012 年的 3.5 倍。

（3）第三产业　服务业发展换档提速。立足补齐服务业发展短板，着力培育新产业、新业态，实施了蒙东华唐服务外包及呼叫中心产业园、元亨利家具产业园、蒙东科技城项目，填补了产业空白。重新规划建设了宝古图沙漠旅游区，成功晋升 3A 级景区。建成了宝古图、青龙山自驾车露营地和孟家段国际垂钓中心。牵头建立了"蒙冀辽"旅游区域联盟，成功举办宝古图沙漠旅游节、中外摄影家"游奈曼拍奈曼"等系列旅游节庆活动。宝古图沙漠那达慕、中国·奈曼越野群英会成为自治区级特色品牌活动。"十二五"期间，五年累计接待游客 400 万人次，实现综合收入 19 亿元，旅游"一业带百业"的效应开始显现。实施国家级电子商务进农村综合示范旗项目，建成电商扶贫服务中心 15 个，示范村 11 个，嘎查村电商服务站 586 个。电子商务从无到有、快速发展，交易额突破 4 亿元。内蒙古银行、包商银行入驻奈曼，全旗金融机构发展到 36 家，存贷款余额分别达到 84.2 亿元和 52.4 亿元，增长 151%和 103%。开通了"12349"居家养老服务热线，综合社会福利中心、诺恩吉雅健康养老中心投入运营。全旗限额以上商贸流通和重点服务业企业发展到 36 家。

（三）主要社会经济问题

随着改革开放和市场经济的深入，奈曼旗的经济建设有了长足的进展，但是经济社会发展中还存在很多矛盾和问题。

1. 经济总体实力偏弱，财政收入严重不足

2016 年，公共财政预算收入完成 3.76 亿元，财政支出 34.26 亿元，收支缺口巨大。奈曼旗作为国家级贫困县，经济总体实力较为薄弱，面临着快速发展经济、努力脱贫攻坚的艰巨任务。

2. 第一产业大而不强，二三产业发展滞后

2016 年，奈曼旗三次产业比重为 18.7∶44.4∶36.9，第一产业占比明显高出全国平均水平，在通辽市 9 个旗县（包括开发区）中只低于库伦旗。奈曼旗农牧业虽然产值较高，但产业化程度较低，种植业以玉米等传统作物为主，比较收益并不算高，而且严重消耗水资源，不具有可持续性。养殖业以传统养殖方式为主，规模化程度不高。总体看，奈曼旗第一产业经营模式较为落后，盈利能力和市场竞争能力均不强。奈曼旗第二产业虽然占比最大，但以传统的水泥建材和农畜产品加工为主，产业结构处于第二产业低端，新兴产业占比不高，产品附加值低，盈利能力不强，缺乏市场竞争力。奈曼旗第三产业以交通运输、批发零售和餐饮住宿等传统服务业为主，现代服务业和生产性服务业发展水平较低。二三产业的发展水平不仅是一个地区现代化程度的重要标志，而且是该地区财政收入的主要来源。奈曼旗经济总体看落后于全国平均水平，最关键的就是二三产业发展低于全国平均水平。

3. 经济发展与生态环境保护之间存在冲突

奈曼旗位于科尔沁沙地防风固沙重要功能区，属于国家重点生态功能区，承担着维护国家生态安全的重大职责；同时，奈曼旗作为国家级贫困县，面临着脱贫攻坚的艰巨任务。如何在保护好生态环境的前提下实现奈曼旗经济的快速发展，是摆在奈曼旗各级政府面前的一个重大难题。党的十八大以来，党中央国务院高度重视生态环境保护，强调不能以牺牲环境为代价发展经济，要实现绿色发展。当前奈曼旗的经济发展还是以粗放式增长为主，如农业中过度消耗水资源，导致地下水超采严重。要解决奈曼旗经济发展与生态环境保护的矛盾，必须转变发展思路和发展方式，在技术进步的基础上，实现一二三产业融合发展。

4. 生态环保和产业协调发展的体制机制尚不完善

生态环境保护和产业协调发展不能靠市场自发调节，必须由政府主导，建立完整的监管和引导机制，鼓励企业走绿色发展之路。目前奈曼旗这方面的机制体制还不够完善，主要表现在：生态建设基本上是政府行为，还没有形成产业化的良性发展机制；环境保护与经济发展没有有效地融合起来，还是两张皮；政府在产业选择和产业引导方面发挥的作用不足等。

第三章　县域（奈曼旗）资源和环境承载力分析与预测

资源环境承载力是指在自然生态环境不受危害并维系良好的生态系统前提下，一定地域的资源禀赋和环境容量所能承载的经济规模和人口规模。

随着经济社会的持续快速发展，我国面临的资源环境约束也不断加剧。许多地区在现行发展方式下的经济规模和人口规模已经超出其资源环境承载能力极限，具体表现为国土空间开发强度过高、地下水资源耗竭、耕地质量退化和环境污染等。忽视资源环境承载力的行为势必造成严重后果及灾难性损失。为此，奈曼旗委旗政府高度重视资源和生态环境承载力分析工作。在对奈曼旗资源环境态势和社会经济发展现状调研分析的基础上，结合奈曼旗实际，对土地资源、水资源和大气环境承载力展开分析评价。评价指标体系的构建遵循如下原则。

第一，科学性原则。指标及其计算过程要求保证科学、合理、准确，所采用的参数应具有科学与统计意义，确保指标的科学性。

第二，地域性原则。指标及其分级阈值的确定，既要参考行业标准与全国、全区平均水平，也要综合考虑奈曼旗的地域特征。

第三，可操作性原则。指标体系的选择应尽量简单明了，尽可能建立在现有统计体系的基础上，从现有资料中选取指标。

第四，主导性原则。影响资源环境承载力的因素众多，关系错综复杂。需要有侧重的选择与资源环境承载力密切、表征能力强的因子。

第五，可度量原则。相对于定性分析，定量计算能更加直观反映区域资源环境承载状况及其变化程度。因此，指标选取时要注意指标的可度量性。

一、土地资源承载力分析和预测

1. 土地资源承载力分析

（1）土地资源承载力评价指标体系　　土地资源不仅是粮食生产的载体，也是人类生存的空间载体。土地资源承载力指一定时期、一定空间区域和一定社会、经济、生态环境条件下，土地资源所能承载的人类各种活动的规模和强度的限度。土地资源不仅仅是指耕地，还包含建设用地、生态环境用地等在内；承载对象不仅是人口，还包括人类的各种经济、社会活动，如承载的城市建设规模、经济规模、生态环境质量等。土地资源承载力评价更多的是考虑到土地空间承载能力，土地生产供给能力和土地生态功能，所以在土地资源承载力评价过程中，在遵循指标构建原则的基础上，从土地资源耕地承载力、建设用地承载力和生态用地承载力 3 个方面提出了 6 项评价指标（表 3-1）。

表 3-1　奈曼旗土地资源承载力评价指标体系

目标层	准则层	指标层
土地资源承载力	耕地	人均耕地面积（亩/人）
		人均粮食占有量（kg/人）
	建设用地	单位城市建设用地非第一产业增加值（亿元/km^2）
		人均城镇建设用地面积（m^2/人）
	生态用地	草地植被覆盖度（%）
		森林覆盖率（%）

（2）土地资源承载力评价指标说明

人均耕地面积：一个国家或一个地区平均每人拥有的耕地数量，表征耕地资源与人口数量之间的矛盾。计算公式为：

人均耕地面积（亩/人）＝耕地面积总数/年末户籍人口总数

人均粮食占有量：表示一个国家或一个地区平均每人拥有的粮食数量，是体现粮食产量与人口数量矛盾的指标。计算公式为：

人均粮食占有量（kg/人）＝区域粮食总产量/区域人口总量

单位城市建设用地非第一产业增加值：单位城市建设用地面积上第二产业和第三产业增加值之和，表征城市建设用地产出效率。计算公式为：

单位城市建设用地非第一产业增加值（亿元/km²）=（第二产业增加值+第三产业增加值）/城市建设用地面积

人均城市建设用地面积：指城市和县人民政府所在地镇内的城市建设用地面积除以中心城区（镇区）内的常住人口数量，单位为 m²/人。用以反映城市建设用地的承载力。计算公式为：

人均城市建设用地面积（m²/人）=城市建设用地面积/城区内常住人口数

草地植被覆盖度：指植物群落总体或各个体的地上部分的垂直投影面积与样方面积之比的百分数。用以反映草地生态恢复状况。

森林覆盖率：指一个国家或地区森林面积占土地总面积的百分比，不仅是一个地区森林面积占有情况和森林资源丰富程度及实现绿化程度的指标，也是生态平衡状况的重要指标。

（3）评价指标分级阈值说明　评价指标阈值的确定是资源环境承载力评价的重要研究内容。根据指标的阈值范围可以较为准确地掌握影响资源环境承载力的各种因素所处的承载力状态。在参考国际标准、国家及地方标准基础上，结合我国以及内蒙古自治区的平均水平，确定各评价指标的阈值（表3-2）。

人均耕地面积：依据联合国粮农组织（FAO）规定的人均耕地面积警戒线（0.8亩/人）、全国人均耕地面积现状及其1.5倍值和2倍值为依据划分等级。

人均粮食占有量：参考我国粮食安全标准（温饱400kg/人、小康450kg/人、富裕550kg/人）划分等级并赋值。

单位城市建设用地非第一产业增加值：根据内蒙古自治区和全国2016年的状态值（14亿元/km²和13亿元/km²）为依据，在此基础上设定各级别的阈值。

人均城市建设用地面积：根据《城市用地分类和规划建设用地标准》（GB 50137—2011）人均城市建设用地标准应在85.1~105.0m²，同时结合奈曼旗实际，即奈曼为边远少数民族地区，其人均城市建设用地面积指标上限不得大于150.0m²/人进行划分等级并赋值。

草地植被覆盖度：以 2016 年内蒙古自治区和全国草原综合植被覆盖度值 44% 和 54.6% 为依据进行等级划分。

森林覆盖率：以内蒙古自治区平均值 21% 为三级标准，在此基础上设定余下级别的阈值。

表 3-2　奈曼旗土地资源承载力评价指标及阈值

指标层	土地资源承载力评价指标等级				
	I	II	III	IV	V
人均耕地面积（亩/人）	<0.8	0.8~1.5	1.5~2.2	2.2~3.0	>3.0
人均粮食占有量（kg/人）	<350	350~400	400~450	450~550	>550
单位城市建设用地非第一产业增加值（亿元/km²）	<11	11~12	12~13	13~14	>14
人均城镇建设用地面积（m²/人）	>150	135~150	125~135	115~125	<115
草地植被覆盖度（%）	<40	40~45	45~50	50~55	>55
森林覆盖率（%）	<10	10~20	20~30	30~40	>40
赋值	1	2	3	4	5

注：级别越高则承载力越强。

（4）奈曼旗土地资源承载力评价结果　依据奈曼旗 2016 年相关统计数据，计算得出土地资源承载力评价指标的现状值，参考承载力评价指标分级赋值表确定评价指标现状值的得分。本研究认为各个单项指标对土地资源综合承载力的重要性是一样的，即各个指标的权重均为 1/6；之后依据承载指数计算公式即可得到表征土地资源承载状态的承载指数。承载指数计算公式为：

$$C = \sum_{i=1}^{n} v_i \times w_i$$

式中，C——承载体的承载指数；n——评价指标的个数；v_i——评价指标的分值；w_i——评价指标的权重。

根据单项指标的分级状况，将承载指数由低到高分为 4 个阈值区，分别代表严重超载、超载、平衡和可载四种承载状态类型（表 3-3）。

表 3-3 　土地资源承载力承载指数分级标准

承载状态	分级标准
可载	[4.0, 5.0)
平衡	[3.0, 4.0)
超载	[2.0, 3.0)
严重超载	[1.0, 2.0)

基于表 3-2 确定的阈值，对奈曼旗土地资源承载力进行评价，结果见表 3-4。从表中可以看出，奈曼旗人均耕地面积和人均粮食占有量均处于较高水平，得分均为 5 分；而单位城市建设用地非第一产业增加值和人均城镇建设用地面积指标则得分较低，仅得 1 分；草地植被覆盖度与自治区和全国相比较，水平也较低。作为国家级重点生态功能区，奈曼旗高度重视森林建设，所以森林覆盖度指标得分较高。从综合得分来看，为 3.0 分。按照表 3-3 的标准，奈曼旗土地资源的承载力为"平衡"状态。

表 3-4 　奈曼旗土地资源承载力评价结果

指标层	土地资源承载力评价指标等级					现状值	得分
	Ⅰ（1）	Ⅱ（2）	Ⅲ（3）	Ⅳ（4）	Ⅴ（5）		
人均耕地面积（亩/人）	<0.8	0.8~1.5	1.5~2.2	2.2~3.0	>3.0	6.5	5
人均粮食占有量（kg/人）	<350	350~400	400~450	450~550	>550	667.4	5
单位城市建设用地非第一产业增加值（亿元/km²）	<11	11~12	12~13	13~14	>14	5.38	1
人均城镇建设用地面积（m²/人）	>150	135~150	125~135	115~125	<115	188	1
草地植被覆盖度（%）	<40	40~45	45~50	50~55	>55	40	2
森林覆盖率（%）	<10	10~20	20~30	30~40	>40	30.81	4
土地资源承载力综合得分						3.00	

2. 土地资源承载力预测

（1）土地资源承载力评价相关指标预测 为了保持规划的协调一致性，在奈曼旗已有规划中已经进行过预测的指标则采用其结果，其中如有同一指标在多个规划中进行预测的情况，则采用最新的预测结果。各相关指标预测结果及数据来源如（表3-5至表3-7）。

表3-5 奈曼旗未来人口和相关产值预测

	2020 年	2030 年
总人口（万人）①	50.7	57.3
总人口（万人）②	47	51
其中：户籍人口（万人）①	47.7	51.6
户籍人口（万人）②	45.6	48
GDP 总量（亿元）①	260	560
GDP 总量（亿元）②	90	210
非农产业增加值占 GDP 比重（%）①	85	92

注：表中标明①的人口、GDP 预测数据来源于《奈曼旗城市总体规划（2014—2030 年）》；标明②的人口、GDP 数据为地方政府部门预测数据。

表3-6 奈曼旗未来耕地面积及城市建设用地面积预测

	2020 年	2030 年
耕地保有面积（万亩）	274	272
人均城市建设用地面积（m²/人）	165	148
城市建设用地面积（km²）	27.2	39

注：2020 年耕地保有量数据来源于《奈曼旗土地利用总体规划（2009—2020 年）》，2030 年耕地保有量数据根据 2020 年耕地保有量数据和《奈曼旗城市总体规划（2014—2030 年）》中城市建设用地面积增加数进行预算，这期间城市建设用地的增加全部占用耕地；人均城市建设用地面积数据和城市建设用地面积数据来源于《奈曼旗城市总体规划（2014—2030 年）》。

表3-7 奈曼旗未来粮食产量预测

	2020 年	2030 年
耕地面积保有量（万亩）	274	272

（续表）

	2020 年	2030 年
粮食作物播种面积（万亩）	227	225
粮食单产（kg/亩）★	561.7	627.7
粮食总产量（万 t）	127.5	141.2

注：粮食作物播种面积=耕地面积保有量 * 复种指数 * 粮食作物播种面积占比（其中，复种指数和粮食作物播种面积均采用奈曼旗 2016 年现值数据，分别为 1.02 和 81.1%）。

★单位面积粮食产量预测：以 1990—2015 年全国平均粮食单产数据为基础，测算每年的粮食单产增长率，然后平均得到近 25 年粮食单产年均增长率为 1.4%，以此为依据估算奈曼旗 2020 年和 2030 年粮食单产分别为 561.7kg/亩和 627.7kg/亩。

（2）土地资源承载力预测结果　在上述相关指标预测的基础上，对奈曼旗未来土地资源承载力进行了预测，结果如表 3-8，人均耕地面积有所下降，但仍高于全国平均水平（2011，中国人均耕地 1.38 亩）；人均粮食占有量达到 2 000kg 以上的水平；单位城市建设用地非第一产业增加值还未达到 2015 年的内蒙古自治区和全国平均水平；人均城镇建设用地面积仍明显高于全国标准，仍有可载空间；草地植被覆盖度和森林覆盖率将大幅提高，满足作为国家重点生态保护区的生态保育功能。

在假设分级标准不变的情况下，从未来土地资源承载力预测结果来看，2020 年奈曼旗土地资源承载力状况有所改善，达到"平衡"状态；运用数据①预测 2030 年奈曼旗的土地资源承载力将实现"可载"状态；运用数据②预测 2030 年奈曼旗的土地资源承载力将仍为"平衡"状态，即将实现"可载"。

表 3-8　奈曼旗未来土地资源承载力预测

指标层	2016 年现状值	2020 年预测值	2030 年预测值	2020 年得分	2030 年得分
人均耕地面积（亩/人）	6.5	5.74① 6.0②	5.27① 5.67②	5	5
人均粮食占有量（kg/人）	667.4	2515① 2712②	2464① 2769②	5	5
单位城市建设用地非第一产业增加值（亿元/km²）	5.38	8.1① 2.81②	13.2① 4.95②	1① 1②	4① 1②

（续表）

指标层	2016 年现状值	2020 年预测值	2030 年预测值	2020 年得分	2030 年得分
人均城镇建设用地面积（m²/人）	188	165	148	1	2
草地植被覆盖度（%）	50	60*	65	5	5
森林覆盖率（%）	30.8	33.9*	40	4	5
土地承载力综合得分				3.5	4.3[①] 3.8[②]

注：表中①②分别为用表 3-5 中两种预测值计算的结果，下同；＊号预测数据来源于《奈曼旗"十三五"规划纲要》，2030 年的草地植被覆盖度数据，结合《全国国土规划纲要（2016—2030 年）》中 2030 年全国草原综合植被盖度达到 60%，保守估计 10 年增加 5%。2030 年的森林覆盖率数据按照《奈曼旗"十三五"规划纲要》中森林覆盖率的年均增长百分率外推得到。

二、水资源承载力分析和预测

水是生命之源，是地球上所有生物的生存之源，是人类生存和发展的生命线，是生态环境中最活跃和影响最广泛的控制因素，是经济社会发展最重要的物质基础，是不可替代的资源。水资源数量和水环境质量对现代城市人口增长和经济社会发展的制约作用日益明显。奈曼旗水资源缺乏，部分河道已经断流，水环境也不同程度地受到了污染，这些都对水资源可持续利用造成影响。本规划参考和借鉴前人相关研究，通过对奈曼旗供水、用水结构的分析明确侧重点，从水资源数量、水环境质量两个方面对水资源承载力进行分析评价。

1. 水资源结构分析

由于不同地区所处地理位置不同，其水资源禀赋也各不相同。本研究运用 2016 年全国、内蒙古自治区、通辽市和奈曼旗供水量、用水量数据，对奈曼旗供水和用水结构进行分析，并与市、自治区、全国进行对比。

（1）供水结构分析　从表 3-9 中可以看出，奈曼旗供水量中有 99.03% 来自地下水，地表水资源供水量几乎可以忽略不计，与通辽市的供水结构相似。与全国的供水结构明显不同。由此可以说明奈曼旗水资源的分析应侧重于地下水资源的分析。

表3-9 2016年奈曼旗供水结构及其与全国、自治区、市的比较

	地表水源供水量占比（%）	地下水源供水量占比（%）	其他水源供水量占比（%）
全国	81.3	17.5	1.2
内蒙古自治区	51.6	46.7	1.7
通辽市	2.28	97.49	0.23
奈曼旗	0.49	99.03	0.48

（2）用水结构分析　在用水结构中，奈曼旗农田灌溉用水占比高达84.2%，高出全国平均水平21.8个百分点，高出自治区平均水平20.9个百分点，高出通辽市平均水平9.5个百分点。由此可得出，奈曼旗未来的节水重点在于农田灌溉用水。

表3-10 2016年奈曼旗用水结构及其与全国、自治区、市的比较

	生活用水占比（%）	工业用水占比（%）	农田灌溉用水占比（%）
全国	13.6	21.6	62.4
内蒙古自治区	4.2	9.1	63.3
通辽市	3.46	9.7	74.7
奈曼旗	1.8	3.6	84.2

2. 水资源（数量）承载力分析

（1）水资源（数量）承载评价指标体系　为准确、客观评价奈曼旗水资源（数量）承载能力，需要建立适用于地区实际的水资源承载力指标体系。根据奈曼旗水资源现状及存在的问题，依据科学性、地域性、可操作性、主导性、可度量等原则，构建了奈曼旗水资源（数量）承载力评价指标体系（表3-11）。

表3-11 奈曼旗水资源（数量）承载力评价指标体系

目标层	指标层	单位
水资源（数量）承载力	人均水资源量	（m³/人）
	地下水开采系数	
	万元工业增加值用水量	（m³/万元）
	万元 GDP 用水量	（m³/万元）
	耕地亩均灌溉用水量	（m³/亩）

（2）水资源承载力评价指标说明

人均水资源量：一个地区平均每人拥有的水资源量，是反映区域水资源条件最具代表性的指标，可直观判断缺水程度。是表征人口对水资源胁迫程度的指标。计算公式：

人均水资源量（m^3/人）＝多年平均水资源量/总人口数量

地下水开采系数：地下水开采量占地下水可开采量的百分比，用来反映对地下水资源的开发利用强度。计算公式：

地下水开采系数＝地下水开采量/地下水可开采量

万元工业增加值用水量：一个地区单位工业增加值的用水量，是表征工业生产水资源利用效率的指标。计算公式为：

万元工业增加值用水量（m^3/万元）＝工业用水量/工业增加值

万元GDP用水量：一个地区单位GDP的用水量，是表征GDP水资源利用效率的指标。计算公式为：

万元GDP用水量（m^3/万元）＝地区总用水量/地区GDP

耕地亩均灌溉用水量：是耕地灌溉用水量与耕地实际灌溉面积的比值，可以在一定程度上反映农田灌溉用水的利用效率。计算公式为：

耕地亩均灌溉用水量（m^3/亩）＝耕地灌溉用水量/耕地实际灌溉面积

（3）水资源承载力评价指标阈值确定

人均水资源量：通常认为人均水资源量低于1 700m^3时，水资源处于紧张状态；人均水资源量低于1 000m^3时，为水资源短缺；低于500m^3时，为严重紧缺。人均水资源量指标简单，代表性强，应用较为广泛，表3-12是水利部水资源司根据我国的具体情况，综合联合国组织和国内外专家的意见确定的我国水资源短缺评价的标准表。

表3-12 人均水资源量分级评价标准及缺水特征

人均水资源量（m^3）	缺水程度	缺水特征
>3 000	不缺水	
1 700~3 000	轻度缺水	局部地区、个别时段出现缺水问题
10 00~1 700	中度缺水	周期性与规律性用水紧张
500~1 000	重度缺水	持续性缺水
<500	极度缺水	极其严重的缺水

地下水开采系数：开采系数大于 1.2 为严重超采区，如果开采系数为 1，说明达到平衡。依据这一概念，一般认为开采系数小于 0.3 为潜力巨大地区。以此为依据对地下水开采系数进行分级。

万元工业增加值用水量：依据 2016 年内蒙古自治区值（22.4m³/万元）和全国平均值（52.8m³/万元）进行等级划分。

万元 GDP 用水量：依据 2016 年内蒙古自治区值（96.9m³/万元）和全国平均值（81m³/万元）进行等级划分。

耕地亩均灌溉用水量：依据 2016 年内蒙古自治区亩均灌溉用水量（305m³/亩）和通辽市耕地亩均灌溉用水量值（215m³/亩）、全国平均耕地实际灌溉亩均用水量（380m³/亩）进行划分。

依据上述各个指标的等级划分标准，水资源（数量）承载力评价指标分级赋值如表 3-13。

表 3-13　水资源（数量）承载力评价指标等级划分

指标层	水资源承载力指标分级				
	I	II	III	IV	V
人均水资源量（m³/人）	<500	500~100	1 000~1 700	1 700~3 000	>3 000
地下水开采系数	>1.2	1.0~1.2	0.9~1.0	0.3~0.9	<0.3
万元工业增加值用水量（m³/万元）	>100	70~100	50~70	30~50	<30
万元 GDP 用水量（m³/万元）	>150	100~150	80~100	50~80	<50
耕地亩均用水量（m³/亩）	>380	305~380	215~305	130~215	<130
分值	1	2	3	4	5

（4）水资源（数量）承载力评价结果　依据奈曼旗 2016 年相关统计数据，计算得出水资源（数量）承载力评价指标的现状值后，参考承载力评价指标分级赋值表（表 3-13）确定评价指标现状值的得分；本研究认为各个单项指标对水资源综合承载力的重要性是一样的，即各个指标的权重均为 0.2；之后依据承载指数计算公式即可得到表征水资源（数量）承载状态的承载指数。承载指数计算公式为

$$C = \sum_{i=1}^{n} v_i \times w_i$$

式中，C——承载体的承载指数；n——评价指标的个数；v_i——评价指标的分值；w_i——评价指标的权重。

根据单项指标的分级状况，将承载指数由低到高分为 4 个阈值区，分别代表严重超载、超载、平衡和可载四种承载状态类型（表 3-14）。基于表 3-13 确定的阈值，奈曼旗水资源承载力评价结果进行评价，结果见表 3-15。

表 3-14　水资源承载力综合指标分级标准

承载状态	分级标准
可载	[4.0，5.0)
平衡	[3.0，4.0)
超载	[2.0，3.0)
严重超载	[1.0，2.0)

从表 3-15 可以看出，从水资源数量上来看，奈曼旗水资源承载力综合分值为 2.2，奈曼旗水资源形势较为严峻，处于超载状态。

表 3-15　奈曼旗水资源（数量）承载力评价结果

指标层	水资源承载力指标分级					现状值	得分
	I	II	III	IV	V		
人均水资源量（m³/人）	<500	500~100	1 000~1 700	1 700~3 000	>3 000	1 500	3
地下水开采系数	>1.2	1.0~1.2	0.9~1.0	0.3~0.9	<0.3	0.97	3
万元工业增加值用水量（m³/万元）	>100	70~100	50~70	30~50	<30	148.1	1
万元 GDP 用水量（m³/万元）	>150	100~150	80~100	50~80	<50	590.8	1
耕地亩均灌溉用水量（m³/亩）	>380	305~380	215~305	180~215	<180	237	3
水资源承载力综合分值							2.2

3. 水资源承载力预测

（1）供水量预测 奈曼旗地表水资源非常稀缺，由于多年的干旱，奈曼旗入境河流水量锐减，教来河、老哈河在奈曼旗境内相继断流，自产水河流水资源量持续减少。大型水库——舍力虎水库、中型水库——西湖水库已经干涸多年，孟家段水库蓄水严重不足，其他水库部分已经干涸，大部分虽已蓄水但已接近死库容，致使全旗地表水资源可利用量微乎其微，经济社会用水只能开采地下水，其供水量98%以上依赖于地下水供应，而地下水供水量则取决于地下水的开采量。据相关部门统计，2016年地下水开采量为42 407万 m³，占地下水多年可利用量的97.13%，地下水开采量已经达到极限。且地下水的超采已导致了部分地区地下水位下降。

近期，奈曼旗的大型水利工程主要有辽西北调水工程和牤牛河引蓄水工程，预计辽西北调水工程实施后，2020年能增加供水量2 300万 m³，2030年能增加3 800万 m³。牤牛河工程实施后预计增加供水量1 000万 m³。

因此，奈曼旗的供水量决定于其地下水开采量及水利工程预期供水量。不同开采程度对应不同的供水量。本规划假设从2018—2030年奈曼旗地下水可开采量保持4.365 9亿 m³不变，不同开采程度下奈曼旗供水量预测如表3-16（本规划中不考虑中水回用）。

表3-16 奈曼旗供水量预测

项目	年份	开采地下水量占地下水可开采量的比率		
		90%	95%	100%
地下水供给量（万 m³）	2020年/2030年	39 293	41 476	43 659
水利工程增加供水量（万 m³）	2020年	3 300	3 300	3 300
	2030年	4 800	4 800	4 800
总供水量预测（万 m³）	2020年	42 593	44 776	46 959
	2030年	44 093	46 276	48 459

（2）总用水量预测 总用水量预测的方法有多种，本研究中采用人均综合用水量指标法和分类用水指标法两种方法进行预测。

①人均综合用水量指标法预测结果：奈曼旗人均用水量预测以 2015 年人均用水量 930m³/人为基数进行预测，随着人们节水意识的提高，人均用水量在未来一段时间将有所下降，预计到 2020 年奈曼旗人均用水量达到通辽市 2016 年平均水平，即 860m³/人；到 2030 年奈曼旗人均用水量达到内蒙古自治区 2016 年平均水平，即 755m³/人。据此，奈曼旗总用水量预测如表 3-17。

表 3-17 奈曼旗总用水量预测

	2016 年	2020 年	2030 年
总人口（万人）[①]	44.75	51	57
总人口（万人）[②]	44.75	47	51
人均用水量（m³/人）	948	860	755
总用水量（万 m³）[①]	42 407	43 860	43 035
总用水量（万 m³）[②]	42 407	40 420	38 505

注：①人口预测数据来源于《奈曼旗城市总体规划（2014—2030 年）》；②人口预测数据来源于地方政府部门。

②分类用水指标法预测结果：总用水量包括居民生活用水量、第一产业用水量、第二产业用水量、第三产业用水量和生态用水量。本规划中运用奈曼旗相关统计数据及标准对各类用水量分别进行了预算。

➤居民生活用水量预测

居民生活用水量占奈曼旗总用水量的比例很小，2016 年仅占 1.8%。本规划中运用两种方法对居民生活用水量进行预测。

方法一：基于人口预测数据和城镇、农村人口用水量预测数据进行居民生活总用水量预测（表 3-18）。

表 3-18 居民生活用水量预测

	总人口（万人）	城镇化水平（%）	城镇人口（万人）	农村人口（万人）	城镇人均用水量（L/d）	农村居民人均用水量（L/d）	居民生活总用水量预测（万 m³）
2020 年	51[①]	51	26	25	116	78	1 812
	47[②]	51	24	23	116	78	1 670

（续表）

	总人口 （万人）	城镇化 水平 （%）	城镇人口 （万人）	农村人口 （万人）	城镇人均 用水量 （L/d）	农村居民 人均用水量 （L/d）	居民生活 总用水量预测 （万 m³）
2030 年	57①	64	36.5	20.5	90	70	1 723
	51②	64	32.6	18.4	90	70	1 595

注：①②分别代表不同的数据来源，见表 3-5 注；总人口预测数据和城镇化水平数据来源于《奈曼旗城市总体规划（2014—2030 年）》。城镇人均用水量数据 2020 年取通辽市 2016 年值 116L/d，2030 年采用奈曼旗水务局预测数据 90L/d；农村人均用水量数据 2020 年采用 2016 年内蒙古自治区平均农村居民人均生活用水量 78L/d，2030 年采用奈曼旗水务局预测数据 70L/d。

方法二：基于 2011—2017 年城镇和农村居民生活用水量进行预测。从表 3-19 中可以看出，7 年以来城镇和农村居民生活用水量相对比较稳定，总用水量保持在 770 万 m³ 左右。本规划以最近一个年度即 2016—2017 年度居民生活用水量增加值约 50 万 m³，预测 2020 年和 2030 年居民生活用水量分别约为 950 万 m³ 和 1450 万 m³。

表 3-19　居民生活用水量预测　　　　　　　　（单位：万 m³）

	城镇	农村	合计
2011 年	314	454	768
2012 年	320	460	780
2013 年	315	454	769
2014 年	319	459	778
2015 年	291	456	747
2016 年	275	470	745
2017 年	298	500	798
2020 年预测			950
2030 年预测			1 450

综合上述两种方法，把方法二得到的预测值作为奈曼旗居民生活用水的下限值，把方法一中运用数据①预测得到的用水量作为奈曼旗居民生活

用水的上限值。

➤第一产业用水量预测

农田灌溉用水量预测：第一产业用水量中以农田灌溉用水量占绝对主导，占到第一产业用水量的90%以上。本规划以奈曼旗水务局提供的2017年农田灌溉用水现状及灌溉面积为基础，结合第六章农牧业发展规划及近期的节水灌溉措施，对2020年和2030年农田灌溉用水量预测如下。

——工程措施节水。奈曼旗从2018年春季开始实施无膜浅埋滴灌项目，预计到2020年共完成120万亩，且灌溉p=50%时亩灌溉用水量是103m³/亩，p=90%时亩灌溉用水量是135m³/亩。以表3-20中2017年不同灌溉方式灌溉面积及亩均用水量数据为基础，进行2020年和2030年农田灌溉用水节水量预测。为了实现最佳的节水效益，在已完成19万亩浅埋滴灌的基础上，完成65万亩传统漫灌面积和36万亩管灌面积的节水改造，节水量预测见表3-21。

表3-20 2017年奈曼旗灌溉面积及亩均灌溉用水量数据

	面积（万亩）	亩均灌溉用水量（m³/亩）
总灌溉面积	151.965	234
水田	4.15	500
菜田	3	400
水浇地面积	144.815	223
传统漫灌面积	65.41	275
节水灌溉面积	79.405	187
其中：管灌	56.18	220
喷灌	4.20	180
膜下滴灌	19.025	90

注：表中划线数据由奈曼旗水务局提供，其中传统漫灌面积及其亩均灌溉用水量数据由划线数据计算得到。

表 3-21　2020 年无膜浅埋滴灌项目节水量预测

原灌溉方式	面积（万亩）	项目实施后亩节水量（m³/亩）		节水量（万 m³）
大水漫灌	65	p=50%	172	11 180
		p=90%	140	9 100
管灌	36	p=50%	117	4 212
		p=90%	85	3 060

由表 3-21 可知，在 p=50% 的情况下，到 2020 年无膜浅埋滴灌项目可节水 15 392万 m³，在 p=90% 的情况下，到 2020 年无膜浅埋滴灌项目可节水 12 160万 m³。在 2020 年的基础上，进一步预测 2030 年的农田灌溉节水量，到 2030 年，144.8 万亩水浇地全部实施无膜浅埋滴灌项目，则 2030 年节水量预测如下。

表 3-22　2030 年无膜浅埋滴灌项目节水量预测

原灌溉方式	面积（万亩）	项目实施后亩节水量（m³/亩）		节水量（万 m³）
管灌	20	p=50%	117	2 340
		p=90%	85	1 700
喷灌	4	p=50%	77	308
		p=90%	45	180

由表 3-22 可知，在 p=50% 的情况下，到 2030 年无膜浅埋滴灌项目可节水 2 648万 m³，在 p=90% 的情况下，到 2030 年无膜浅埋滴灌项目可节水 1 880万 m³。

——农业结构调整节水预测。基于奈曼旗农业用水占比大、水资源短缺的现状，下一步将采取调减耗水型作物玉米的播种面积来进行农业节水，预计到 2020 年和 2030 年分别调减玉米种植面积 10 万亩和 20 万亩，发展耐旱型作物（谷子等）的种植。通过玉米结构调整节水量预测如表 3-23。

表 3-23 奈曼旗调减玉米节水预测

	调减玉米面积（万亩）	亩均灌溉用水量（m³/亩）	总节水量（万 m³）
2020 年	10	135	1 350
2030 年	10	135	1 350

综合工程节水和农业结构调整节水，汇总得到奈曼旗 2020 年和 2030 年农田灌溉用水量和节水量如表 3-24。

表 3-24 奈曼旗农田灌溉节水量和用水量预测

		农田灌溉节水量（万 m³）	农田灌溉用水量（万 m³）
2020 年	p=50%	16 742	18 836
	p=90%	13 510	22 068
2030 年	p=50%	20 740	14 838
	p=90%	16 740	18 838

畜牧、林果、草场灌溉用水量预测：畜牧、林果和草场灌溉面积用水占比都比较小，且从 2011—2017 年近 7 年的用水量变化来看，均相对比较稳定，且奈曼旗从产业发展方面也做了调整，包括畜禽养殖量逐渐缩减及百万亩经济林选用耐旱树种等。由此可推测，畜牧、林果和草场灌溉用水量在未来 10 多年变化不会太大，本规划选取 2011—2017 年畜牧、林果和草场灌溉用水量的最大值近似作为 2020 年和 2030 年的预测值，即牲畜用水 1 810万 m³、林果灌溉 1 900万 m³、草场灌溉 1 400万 m³。

综上得出，2020 年和 2030 年第一产业用水量预测值见表 3-25。

表 3-25 奈曼旗第一产业用水量预测 （单位：万 m³）

	灌溉保证率	农田灌溉	牲畜用水	林场灌溉	草场灌溉	合计
2020 年	p=50%	18 836	1 810	1 900	1 400	23 946
	p=90%	22 068	1 810	1 900	1 400	27 178
2030 年	p=50%	14 838	1 810	1 900	1 400	19 948
	p=90%	18 838	1 810	1 900	1 400	23 948

▶第二产业用水量预测

因第二产业中建筑业用水量很小，本规划中忽略不计。对于工业用水量采取下列 3 种方式进行预测：一是以 2004—2017 年奈曼旗工业用水量数据为基础进行趋势外推；二是运用表 3-5 中地方政府预测的 2020 年和 2030 年 GDP 值乘以工业增加值所占比重（2016 年为 39%）进行工业增加值预测，进而进行工业用水量预测；三是结合本规划中对工业增加值预测值进行工业用水量预测。依据国务院《关于实行最严格水资源管理制度的意见（国发〔2012〕3 号）》中到 2020 年万元工业增加值用水量降低到 65m³ 以下、到 2030 年万元工业增加值用水量降低到 40m³ 以下的要求，本研究中采用上述指标进行预测，结果如表 3-26。

表 3-26　奈曼旗工业用水量预测值

		工业增加值 （亿元）	万元工业增加值用水量 （m³/万元）	工业用水量预测 （万 m³）
2020	方法一	—	—	1 940
	方法二	35	65	2 275
	方法三	20	65	1 300
2030	方法一	—	—	2 160
	方法二	82	40	3 280
	方法三	80	40	3 200

▶第三产业用水量预测

第三产业行业广泛，包括交通运输业、通讯业、商业、餐饮业、金融保险业、行政、家庭服务等非物质生产部门，但从历年数据看，用水量较少。本研究以 2011—2017 年奈曼旗第三产业用水量年均增长率（约 3%）对未来用水量进行预测，预测得到 2020 年奈曼旗第三产业用水量约为 660 万m³；2025 年用水量约为 770 万 m³；2030 年用水量约为 890 万 m³。其中，旅游产业未来用水量估算如表 3-27。

表 3-27　旅游产业用水量预测

列项	2020 年	2025 年	2030 年
游客总人数（万人）	230	430	600
非住宿游客（万人）	207	387	540
住宿游客（万人）	23	43	60
酒店服务人员人数（万人）	6	7	10
非住宿游客用水量（万 m³）	41.4	77.4	108
住宿游客用水量（万 m³）	9.2	17.2	24
酒店服务人员人数用水量（万 m³）	1.2	1.4	2.0
旅游公建用水（万 m³）	20.7	38.3	53.6
不可估算的用水量（万 m³）	10.9	20.1	28.1
旅游产业总用水量（万 m³）	83	154	216

注：非住宿游客用水取值 0.2m³/日·人；住宿游客 0.4m³/日·人；住宿服务人员用水取值 0.2m³/日·人。酒店服务人员按照每 6 个住宿游客需要 1 名服务人员配置。公建用水是生活用水的 40%，不可估计用水占生活用水与公建用水的 15%。

▶生态用水量说明

近两年，奈曼旗的生态用水主要来自于污水处理后产生的中水，用于生态湖补水。因其不占用地下水资源量，因此在本规划中不涉及。

▶奈曼旗 2020 年和 2030 年水供需平衡

——人均综合用水量指标法预测下的供需平衡

运用表 3-16 和表 3-17 奈曼旗供水量和用水量预测值，计算得到奈曼旗 2020 年和 2030 年供需平衡表（表 3-28）。从中可以看出，按照《奈曼旗城市总体规划（2014—2030 年）》中预测的人口数据和地方政府预测的数据，水资源在地下水开采率为 90%时就能保持供需基本平衡。

表 3-28　人均综合用水量指标法预测下的供需平衡

用水量（万 m³）		2020 年		2030 年	
		43 860[①]	40 420[②]	43 035[①]	38 505[②]
供水量 （万 m³）	地下水开采系数 90%	42 593	42 593	44 093	44 093
	地下水开采系数 95%	44 776	44 776	46 276	46 276
	地下水开采系数 100%	46 959	46 959	48 159	48 159

（续表）

用水量（万 m³）	2020 年		2030 年	
	43 860①	40 420②	43 035①	38 505②
盈亏量（万 m³） 地下水开采系数90%	−1 267	2 173	1 058	5 588
地下水开采系数95%	916	4 356	3 241	7 771
地下水开采系数100%	3 099	6 539	5 124	9 654

注：①按照《奈曼旗城的总体规划（2014—2030 年）》中预测的数据；②地方政府预测的数据

——分类用水指标法预测下的供需平衡

运用表 3-16、表 3-18、表 3-19、表 3-25、表 3-26、表 3-27 和第三产业用水量预测数据，排列组合成如下八种情景，分析计算 2020 年和 2030 年奈曼旗的供需平衡表如表 3-29 和表 3-30。

表 3-29　2020 年奈曼旗水供需平衡　　　　（单位：万 m³）

生活用水	用水量					供水量	盈亏量
	第一产业	第二产业		第三产业	合计		
		方法一	1 940	660	28 358	42 593	14 235
	p=50%　23 946	方法二	2 275	660	28 693	42 593	13 900
		方法三	1 300	660	27 718	42 593	14 875
上限值　1 812		方法一	1 940	660	31 590	42 593	11 003
	p=90%　27 178	方法二	2 275	660	31 925	42 593	10 668
		方法三	1 300	660	30 950	42 593	11 643
		方法一	1 940	660	23 498	42 593	19 095
	p=50%　19 948	方法二	2 275	660	23 833	42 593	18 760
		方法三	1 300	660	22 858	42 593	19 735
下限值　950		方法一	1 940	660	27 498	42 593	15 095
	p=90%　23 948	方法二	2 275	660	27 833	42 593	14 760
		方法三	1 300	660	26 858	42 593	15 735

表 3-30　2030 年奈曼旗水供需平衡　　　　　　（单位：万 m³）

生活用水	第一产业		第二产业		第三产业	合计	供水量	盈亏量
上限值　1 723	p=50%	19 948	方法一	2 160	890	24721	44 903	20 182
			方法二	3 280	890	25 841	44 903	19 062
			方法三	3 200	890	25 761	44 903	19 142
	p=90%	23 948	方法一	2 160	890	28 721	44 903	16 182
			方法二	3 280	890	29 841	44 903	15 062
			方法三	3 200	890	29 761	44 903	15 142
下限值　1 450	p=50%	19 948	方法一	2 160	890	24 448	44 903	20 455
			方法二	3 280	890	25 568	44 903	19 335
			方法三	3 200	890	25 488	44 903	19 415
	p=90%	23 948	方法一	2 160	890	28 448	44 903	16 455
			方法二	3 280	890	29 568	44 903	15 335
			方法三	3 200	890	29 488	44 903	15 415

　　从表 3-29 和表 3-30 中可以看出，在运用节水灌溉技术和通过农业结构调整进行节水的情况下，奈曼旗 2020 年和 2030 年在地下水开采系数 90% 的供水量下仍能有盈余。需要特别说明的是：资源利用状况随时都在变动，本规划中做的水资源供需平衡表仅仅是在本规划前提假设条件成立的情况下的平衡。如果水资源利用状况发生改变则此表不再成立。

　　（3）水资源（数量）承载力预测结果　基于上述相关测算指标的预测，对奈曼旗 2020 年和 2030 年的水资源（数量）承载力进行了预测。由表 3-31 可知，在节水灌溉技术和结构调整的双重措施下，奈曼旗水资源（数量）承载力水平在逐步提高，在多种用水情景下，2020 年水资源（数量）承载力由"超载"转变成了"平衡"，在 2030 年水资源承载力仍保持"平衡"状态并逐步实现"可载"。

表 3-31 水资源承载力预测结果

指标层	2020 年	2030 年	2020 年得分	2030 年得分
人均水资源量（m³/人）	1 332[①] 1 437[②]	117[①] 1 324[②]	3	3
地下水开采系数	0.9	0.9	3	3
万元工业增加值用水量（m³/万元）	17.2	15	4	4
万元 GDP 用水量（m³/万元）	86～127[①] 247～365[②]	43～63[①] 114～168[②]	2～3[①] 1[②]	4～5[①] 1～2[②]
耕地亩均用水量（m³/亩）	124～145	98～124	5	5
综合得分			3.4～3.6[①] 3.2[②]	3.8～4.0[①] 3.2-3.4[②]

4. 水环境承载力分析

（1）地下水环境承载力分析 通过对奈曼旗环保局提供的 15 个生活饮用水采样点数据的分析可知，15 个监测中，有 5 个点其 33 个检验项目全部合格，另外 10 个站点分别有 1～5 个检验项目不合格，不合格的指标主要是总大肠菌群、耐热大肠菌群、菌落总数、铁、锰等。而铁、锰的过量摄入会对人体形成慢性毒害作用；大肠菌群的超标也会引起肠道感染、急性腹泻等疾病的发生。未来需按照《生活饮用水标准》（GB/T 5750—2006）尽快加强治理，为居民供应安心、放心的饮用水。

表 3-32 奈曼旗生活饮用水环境质量监测数据（检验依据：GB/T 5750—2006）

序号	采样地点	采样日期（年-月-日）	检验项目数（个）	不合格项目数（个）	不合格指标
1	青龙山镇小南沟村	2018.5.14	33	0	
2	沙日浩来镇镇区	2018.5.14	33	2	菌落总数、锰
3	土城子乡束龙沟村	2018.5.14	33	2	总大肠菌群、硝酸盐
4	新镇林场村	2018.5.14	33	0	
5	义隆永镇东甸子村	2018.5.14	33	4	总大肠菌群、耐热大肠菌群、菌落总数、锰
6	明仁乡新义嘎查	2018.5.14	33	1	锰

（续表）

序号	采样地点	采样日期（年-月-日）	检验项目数（个）	不合格项目数（个）	不合格指标
7	治安镇胜利村	2018.5.14	33	5	总大肠菌群、耐热大肠菌群、大肠埃希氏菌、菌落总数、锰
8	东明镇上奈林村	2018.5.14	33	0	
9	苇莲苏乡兴安庄村	2018.5.14	33	5	总大肠菌群、耐热大肠菌群、菌落总数、铁、锰
10	八仙筒镇门迪阿力嘎村	2018.5.15	33	4	总大肠菌群、耐热大肠菌群、菌落总数、锰
11	白音塔拉镇伊和乌素村	2018.5.15	33	2	铁、锰
12	黄花塔拉西太山木头村	2018.5.15	33	3	总大肠菌群、耐热大肠菌群、菌落总数
13	奈曼旗自来水公司二公司	2018.5.15	33	0	
14	奈曼旗自来水公司水处理泵房	2018.5.15	33	0	
15	奈曼旗自来水公司水房	2018.6.14	33	4	菌落总数、浑浊度、铁、锰

（2）地表水环境承载力分析 根据第二章中奈曼旗 2015—2017 年国家级水功能区评价数据，2015 年 3 个监测断面中有 2 个不达标；2016 年有 3 个断面因河干无法取水而未评价，参评的 3 个断面全部达标。2017 年同样有 3 个断面因河干无法取水而未评价，参评的 3 个断面全部达标。由此可见，2016 年和 2017 年的水质有了明显改善。奈曼旗政府在 2015 年下发了《关于奈曼化工园区企业停产搬迁的通告》，责令化工园区所有企业停产，化工园区整体搬迁。化工园区搬迁后，2016 年废水排放量大幅减少（表3-33），并且奈曼旗在 2016 年建成了日处理能力 1.5 万 m^3 的中水处理厂。

表3-33 2011—2016 年奈曼旗废水及污染物排放量

	2011 年	2012 年	2013 年	2014 年	2015 年	2016 年
废水（万 t）	668.07	822.74	1 457.54	620.99	1 303.06	153.02
化学需氧量（t）	9 610.35	11 923.38	9342.44	7 454.08	9 859.13	511.46

（续表）

	2011 年	2012 年	2013 年	2014 年	2015 年	2016 年
氨氮（t）	699.66	1 023.94	733.56	505.26	568.98	45.70
总氮（t）	2 023.56	2 646.87	2 646.87	1 679.61	3 701.64	227.93
总磷（t）	203.34	284.68	284.68	158.90	343.29	16.43

据实地调研，目前除一些没有入网中水处理厂的棚户区外，其他污水全部通过管网输送到中水处理厂进行处理，目前的日处理量约为 1 万 m³，尚有 5 000m³ 的处理能力未使用。同时，旗里还在东边工业园区建成了工业污水处理厂，经实地调研也未满负荷运作。中水处理厂 2016、2017 年处理量及中水利用情况见表 3-34。

表 3-34　中水处理厂中水处理量及利用情况

年份	污水处理量（万 t）	产生中水量（万 t）	主要用途
2016 年	356	25.8	生态湖补水和生态公园绿化
2017 年	366	207	工业回用 100 万 t，其余用于生态湖补水和生态公园绿化

经过上述分析可以得出，虽然之前奈曼旗地表水功能区监测存在一些问题，但近几年奈曼旗政府高度重视地表水环境治理，目前已经形成了超过现状排放量的废水处理能力。同时，《奈曼旗国家重点生态功能区产业准入负面清单》中对奈曼旗各类工业产业的生产工艺、设备水平和清洁生产水平提出了明确要求，必须达到既定的环保要求。因此，在"绿水青山就是金山银山"理念的引领下，到 2030 年，奈曼旗的污水治理一定会达到国家要求。

5. 提升水资源承载力的对策与建议

（1）加强引蓄水工程建设，拓展地表水资源供应　奈曼旗地表水资源匮乏，应加大兴建引蓄水工程的力度，增加水资源供应量。近期结合农业用水和重大工业项目建设，加强辽西北引水工程和牤牛河引水工程的规划和建设。在此基础上，进一步开阔思路，多策并举，引蓄并重，努力增加其他地表水资源供应量。

（2）合理开发地下水资源，保障水资源供应 奈曼旗水资源以地下水资源为主。近几年，地下水资源开发量持续逼近地下水可开采量，且部分地区已经出现地下水位的下降。在通过引蓄水工程增加地表水供水量的同时，要严禁打新井，超采用水，尽量做到地下水资源的合理开发，保证地下水资源的可持续供应。

（3）推行节水工程措施，提高水资源利用效率 奈曼旗用水主要在农业，首当其冲的是农田灌溉用水，因此，农田灌溉节水工程就是奈曼旗节水的重头戏。据科学估算，仅通过实施高效节水工程全覆盖，即可节水1亿 m^3。同时，通过农业结构调整，缩减耗水型作物，在南部山区发展耐旱型作物。例如，通过生态植物工程节水措施，实施百万亩经济林果工程项目，也可以大量减少农业用水量。工业发展也应选择低耗水型工业项目、运用先进的节水工艺和设施，达到节水的目的；同时，充分利用工业中水，实现工业用水的循环利用。

（4）加强污染物的治理，提升水环境质量 水环境质量是关乎人们生存和发展的基本环境质量之一，维护水环境质量是保障区域水资源承载力的一个重要的支撑条件。通过建设高标准的污水处理厂，提高污水处理率。通过降低农田化肥施用量、降低农药使用量，减少污染物的截留等措施，控制农业非点源污染。

三、大气环境承载力分析和预测

1. 大气环境承载力分析

本项目通过量化评估奈曼旗几种代表性污染物的环境容量，来表示本区域大气环境对人类活动的承载能力，然后将环境容量和区域现有污染物排放量的差值与环境容量值相比，量化评估本区大气环境承载力相对剩余率。

（1）计算方法 大气环境容量是环境容量中的一种，是指一个区域在某种环境目标（如空气质量达标或酸沉降临界负荷）约束下的大气污染物最大允许排放量。本项目依据《国家制定地方大气污染物排放标准的技术方法》（GB/T 3840—91）应用A~P值法中的A值法计算大气环境容量。A值法属于地区系数法，通过控制区总面积、各功能区面积，及总量控制系数 A 值即可算出该环境控制区的大气环境容量。该方法一定程度上兼顾了地区性的边界层特点，比较宏观，方法简单、方便，可以比较方便地调试到国家下达的管理目标总量限值区间范围。根据奈曼旗大气污染类型的特点，项目选用 SO_2、NO_x 两项空气污染物作为评价因子，以奈曼旗全区作为控制区，评价标准采用《环境空气质量标准》（GB 3095—2012）。

➤ A 值法计算公式

$$Q_{ak} = \sum_{i=1}^{n} Q_{aki}$$

式中：Q_{ak}——总量控制区某种污染物年允许排放总量限值，万 t；Q_{aki}——第 i 个功能区某种污染物年允许排放总量限值，万 t；n——功能区子区总数；i——总量控制区内各功能区分区的编号；a——总量下标；k——某种污染物下标。

各功能区污染物排放总量限值计算由下式决定：

$$Q_{aki} = A_{ki} \frac{S_i}{\sqrt{S}}$$

$$S = \sum_{i=1}^{n} S_i$$

式中，S——总量控制区总面积，km^2；奈曼旗为 813 522.22km^2；S_i——第 i 个功能区面积，km^2；A_{ki}——第 i 个功能区某种污染物排放总量控制系数，万 $t/a \cdot km^2$，由下式计算：

$$A_{ki} = A \times (C_{ki} - C_b)$$

式中，A——地理区域性总量控制系数，$10^4 km^2/a$。依据《国家制定地方大气污染物排放标准的技术方法》（GB/T 3840—91）区域划分选择 A 值范围，奈曼旗属于第二类区域，A 值选取范围为 5.6~7.0，按国家环境保护总局环境规划院《城市大气环境容量核定技术报告编制大纲》的补充说明计算 A 值：

A = A_{min} + 0.1 × (A_{max} - A_{min}) = 5.6 + 0.1 × (7.0 - 5.6) = 5.74

式中，C_{ki}——地方和国家有关大气环境质量标准所规定的与第 i 个功能区类别相应的年日平均浓度限值，mg/m^3；C_b——根据 GB 3095 等国家和地方有关大气环境质量标准所规定，选择国家环境空气质量一级标准的

50%作为评价区的本底浓度值，mg/m³。

➤污染物浓度限值的确定

依据中华人民共和国国家标准《环境空气质量标准》（GB 3095—2012）确定各类控制区主要污染物的浓度限值，其中一类控制区采用一级浓度限值，二类控制区采用二级浓度限值。本次容量核定计算 SO_2、NOx 两种污染物的标准见表3-35。

表3-35 环境空气质量标准相关浓度

污染物项目	平均时间	浓度限值		单位
		一级	二级	
SO_2	年平均	20	60	μg/m³
NOx	年平均	50	50	μg/m³

➤总量控制区内大气功能分区

依据《环境空气质量标准》（GB 3095—2012）对大气环境功能区的划分，确定了各类自然保护区为一类区，面积约为232.7km²，占全区总面积的2.83%，其他地区为二类区，面积约为7 446.7km²，占全区总面积的97.17%。

（2）大气环境容量计算结果　按前面阐述的计算方法、选取参数、浓度限值和功能分区，奈曼旗大气环境容量的计算结果见表3-36。

表3-36 奈曼旗大气环境容量

地区名称	功能类别	区划面积（km²）	环境容量（10^4t/a）	
			SO_2	NOx
各类自然保护区	一类	232.7	0.15	0.37
其他	二类	7 977.3	25.27	13.00
合计		8 210	25.42	13.37

由上表可知，全旗 SO_2、NOx 两种大气污染物环境容量分别为：SO_2 254 200t/a、NOx 133 700t/a。

（3）大气环境承载力评价　奈曼旗2016年 SO_2 和 NOx 的排放量分别为7 600t 和7 500t。因此，SO_2 剩余容量为246 600t，环境承载力相对剩余率为 97%；NOx 剩余容量为 126 200t，环境承载力相对剩余率大于 94.4%。实际污染物的排放量远低于大气环境允许排放量，环境承载力相对剩余率较高（平均环境承载力相对剩余率大于 50%），可见奈曼旗内常规气体的排放能达到二类大气环境功能区标准。

2. 大气环境承载力预测

《奈曼旗"十三五"环境保护与生态建设发展规划》中对 2020 年 SO_2 和 NOx 的排放量进行了预测，2030 年的排放量在 2020 年为基础进行预测，依据"十二五"期间削减率（化学需氧量为 8.7%，氨氮为 9.1%）进行预测，结果如表 3-37。

表 3-37　奈曼旗未来废气污染物排放量预测

	2015 年	2020 年	2030 年
SO_2（t）	7 600	6 939	5 784
NOx（t）	7 500	6 818	5 633

由表可以看出，相对于 SO_2 254 200t/a、NOx 133 700t/a 的环境容量，承载力剩余率始终保持较高的水平，即 90% 以上。

表 3-38　资源环境承载力评价及预测结果

	现状	2020 年预测	2030 年预测
土地资源承载力	平衡	平衡	可载[①] 平衡[②]
水资源（数量）承载力	超载	平衡	平衡
大气环境承载力	可载	可载	可载

小结：结合奈曼旗实际，考虑数据可获取性，运用上述相关指标，对奈曼旗资源环境承载力现状进行了评价。同时参考其他相关上位规划，对奈曼旗资源环境承载力进行了预测，结果表明，奈曼旗目前较突出的问题为水资源问题，水资源承载力处于超载状态，土地资源承载力处于平衡状态，大气环境承载力处于可载状态；在政府高度重视下，通过农业节水措施的运用和农业结构调整等，2020 年水资源（数量）承载力将实现平衡状态。

第四章　县域（奈曼旗）
生态环境评价

一、生态敏感性分析

生态环境敏感性是指在不损失或不降低环境质量情况下，生态因子对外界压力或变化的适应能力。生态敏感区是对区域总体生态环境起决定作用的生态要素和生态实体，一旦遭受破坏将会给整个区域带来不可挽回的损失，因此生态环境敏感区是必须保护的生态环境实体。

生态敏感性评价是基于生态环境问题形成机制，对直接影响生态环境问题发生和发展的各自然因素进行评价。根据奈曼旗生态系统的特点和当地实际情况，选择地形、水体、植被覆盖、土地沙化等生态环境敏感因子，利用 GIS 空间分析模块进行生态敏感性评估，综合分析其在空间上的强度分布，其结论将为今后的产业布局和环境综合整治提供科学基础，并据此建立完善、合理的环境保护和生态建设的对策框架（图 4-1，图 4-2）。

（一）地形因子

地形条件是影响生态敏感度的重要因子，其中高程和坡度作用较为明显。奈曼旗位于辽西山地北部和西辽河平原的南端，地势由西南向东北逐渐倾斜，西南高，东北低，一般海拔高度为 250～570m，其地貌特征及所占比例可概括为"南山、中沙、北河川，两山、六沙、二平原。"

根据一般建设项目对高程、坡度的需求，一般坡度小于 15°的地区适宜用作建设用地，坡度大于 25°的地区适宜作为生态用地加以保护。结合奈曼旗实际地形，将地形对土地开发建设的生态敏感性分别分为 5 级，具体分类方法如表 4-1。

表4-1　地形生态敏感性分级

生态因子类型	评价标准	不敏感	低敏感	中敏感	高敏感	极敏感
		1	2	3	4	5
高程	景观视线、生物多样性	250m以下	250~300m	300~350m	350~400m	400m以上
坡度	水土流失、土壤侵蚀、生态脆弱性	0°~3°	3°~8°	8°~15°	15°~25°	25°以上

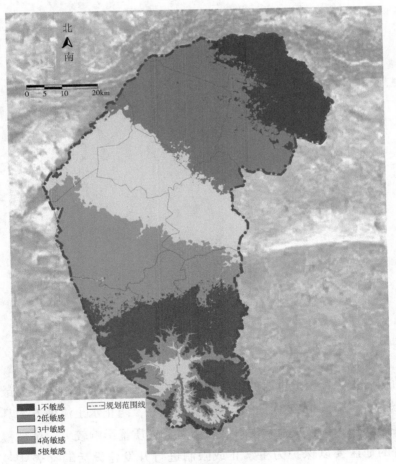

图4-1　奈曼旗高程分布

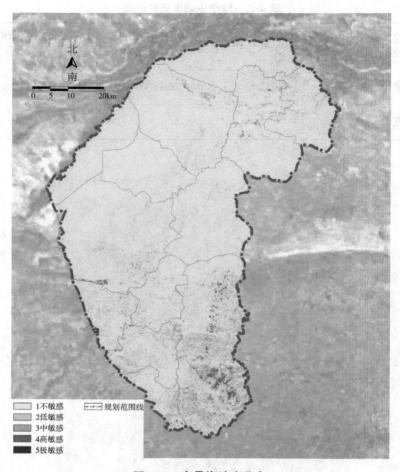

图4-2 奈曼旗坡度分布

（二）植被覆盖因子

植被是生物资源最重要的组成部分之一，是影响生态敏感性的最重要的生态因子之一。植被在保护区域生物多样性，防止水土流失方面具有非常重要的作用，植被覆盖程度对区域生态环境质量影响较大，植被覆盖条件较好的地区要以保护为主禁止或限制进行开发建设活动（表4-2，图4-3）。

表4-2　植被生态敏感性分级

类型 生态因子	评价标准	不敏感 1	低敏感 2	中敏感 3	高敏感 4	极敏感 5
植被覆盖因子	植物价值和类型、改善环境、水土保持、调节气候等	河流、水库、旱地、建设用地裸地、沙地等	水浇地、水田、风景名胜及特殊用地、内陆滩涂	人工牧草地、其他草地、其他园地	其他林地、天然牧草地、果园	有林地、灌木林地

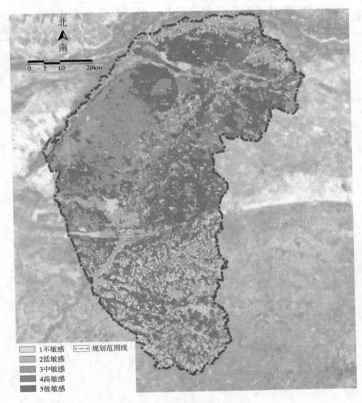

图4-3　植被覆盖分布

（三）土地沙化因子

影响土地沙化敏感性的因子较多，一般利用风速、土壤干燥指数、地表植被指数、土壤质地等建立评价模型。其中，地表植被覆盖情况是土地沙漠化敏感性的一个重要因素，在地表植被覆盖度高的的地区，不会发生土壤的沙漠化；相反，地表裸露、植被稀少，都会使土壤沙漠化的机会增加。根据奈曼旗现状土地利用类型数据资料，分析得出奈曼旗土地沙化敏感性（表4-3，图4-4）。

表4-3 土地沙化生态敏感性分级

类型 生态因子	评价标准	不敏感 1	低敏感 2	中敏感 3	高敏感 4	极敏感 5
土地沙化	地表植被覆盖度	地表覆盖度高	地表覆盖度中	地表覆盖度较低	距离沙地300m	沙地、裸地

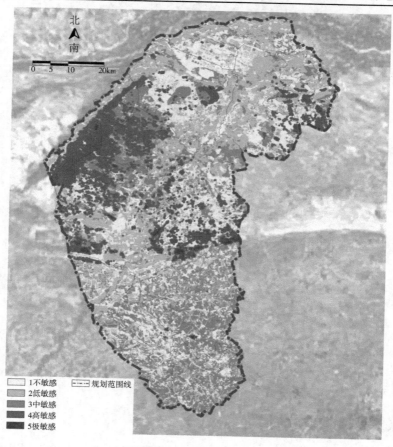

图4-4 土地沙化分布

（四）水体敏感因子

水体保护与水体面积、地表汇水等级相关，水域面积大、地表汇水量大的区域，其影响范围更大，需要更大尺度空间上的保护。为了保护地表水体，根据基地水域等级、面积因素，确定水体因子敏感性分级表（表4-4，图4-5）。

表4-4　水体敏感性分级

类型生态因子	不敏感	低敏感	中敏感	高敏感	极敏感
	1	2	3	4	5
水体敏感因子	非水域	河流、水库500m缓冲区	河流、水库200m缓冲区	河流、水库100m缓冲区	水体本体及两侧50m缓冲区

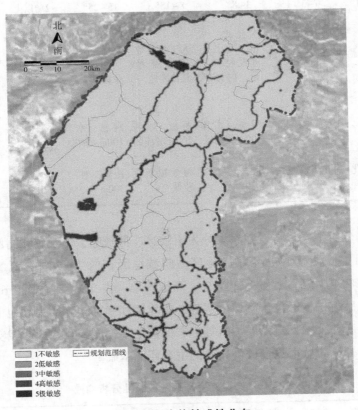

图4-5　水体敏感性分布

（五）多因子综合评价

采用多层次分析法（AHP 法），并利用 GIS 叠加分析工具对地形、植被覆盖、水体和土地沙化因子赋以评估权重，通过因子叠加获得奈曼旗生态环境敏感性综合评价图，从空间上寻找生态环境条件与人类活动之间的相互关系（表4-5）。

表4-5　奈曼旗生态环境敏感性分析指标因子评分及权重

类型 生态因子	不敏感	低敏感	中敏感	高敏感	极敏感	权重
	1	2	3	4	5	
高程因子	250m 以下	250~300m	300~350m	350~400m	400m 以上	0.07
坡度因子	0~3°	3~8°	8~15°	15~25°	25°以上	0.08
植被覆盖因子	河流、水库、旱地、建设用地裸地、沙地等	水浇地、水田、风景名胜及特殊用地、内陆滩涂	人工牧草地、其他草地、其他园地	其他林地、天然牧草地、果园	有林地、灌木林地	0.25
水体因子	非水域	河流、水库500m 缓冲区	河流、水库200m 缓冲区	河流、水库100m 缓冲区	水体本体及两侧 50m 缓冲区	0.25
土地沙化因子	植被覆盖度高	植被覆盖度适中	植被覆盖度较低	距离沙地300m	沙地、裸地	0.35

根据分析结果，将奈曼旗划分为不敏感、低敏感、中敏感和高敏感四类地区（图4-6），其中，不敏感地区占旗域总面积的 15.70%，低敏感地区占 51.50%，中敏感地区占 23.65%，高敏感地区占 9.14%（表4-6）。奈曼旗生态敏感保护地区位于旗域中西部、东北部和南部，主要为沙地土地封禁保护区、森林公园、自然保护区等生态保护空间，应重点在此区域实施有效的生态保护，为城市建设提供良好的生态环境基础。

表4-6　奈曼旗生态系统敏感性分析构成

类型	不敏感	低敏感	中敏感	高敏感
面积比例（%）	15.70	51.50	23.65	9.14

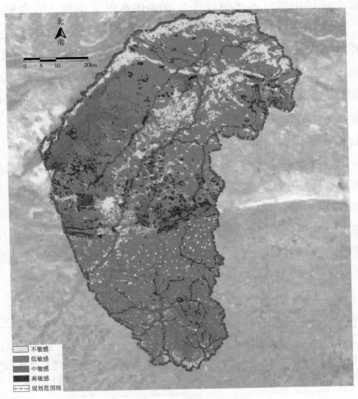

图 4-6　生态敏感性分布

二、生态环境突出问题

1. 水资源供需矛盾尤为突出

根据 2011—2017 年水资源公报，全旗用水量呈逐年增加的趋势，平均供水量为 4.08 亿 m³，主要来自地下水的供给，平均地下水供水量为 4.00 亿 m³，已超过 3.67 亿 m³ 的地下水可开发利用量，地下水的连续超采已导致了地下水位连续下降。全旗用水量集中在第一、第二产业，其中第一产业中的农业用水量逐年增加，而林果灌溉量、草场灌溉量呈现增加—平稳—下降的趋势，2014—2015 年度用水量达到高峰。全旗水浇地在农业用水中所占的比重最大，用水量呈现逐年增加的趋势，2017 年，水浇地用水量较 2011 年增加了 48.1%。此外，全旗地下水资源区域分布不均，农业现状用水所占比例较大、农业供水保证率低，农业缺水问题仍然严重。2011—2017 年内工业用水量呈逐年下降趋势，但由于工业园区产业集群的集中分布，形成了地下水的集中开采，大镇城区及周边 20km² 的区域地下水超量开采，地下水位持续下降，形成地下水超采区。虽然随着工业设备的更新，先进技术的应用，管理水平的提高，工业用水重复利用率将会有较大的提高，但工业需水仍有一定的缺口，水资源的短缺将制约工业生产的发展。

全旗平均综合耗水量 3.07 亿 m³，主要集中在第一产业耗水量，平均农田耗水量 2.49 亿 m³，平均林牧业耗水量 0.34 亿 m³，分别占总耗水量的 81.3% 和 11.1%，第二、第三产业耗水量，生活、生态耗水量所占总耗水量的比重均低于 3.5%。可见，全旗水资源供需矛盾主要集中于第一产业，亟须宏观调控第一产业的用水量及耗水量额度，开展一系列节水工程（表 4-7 至表 4-10）。

表 4-7　奈曼旗地下水位变化情况

旗县区	地下水位上升区			地下水位下降区			地下水位相对稳定区			蓄变量 (亿 m³)
	面积 (km²)	上升值 (m)	增加水量 (亿 m³)	面积 (km²)	下降值 (m)	减少水量 (亿 m³)	面积 (km²)	水位变幅 (m)	增减水量 (亿 m³)	
2011	50	0.65	0.03	600	0.82	0.39	5 568	-0.15	-0.67	-1.03
2012	350	0.62	0.11	0.00	0.00	0.00	6 205	0.02	0.06	0.17
2013	130	1.17	0.08	411	1.31	0.27	6 014	-0.08	-0.24	-0.43
2014	0.00	0.00	0.00	901	-0.66	-0.30	5 317	-0.11	-0.29	-0.59
2015	0.00	0.00	0.00	953	-0.81	-0.39	5 602	-0.21	-0.59	-0.97
2016	793	1.06	0.42	364	-0.71	-0.13	5 397	-0.02	-0.06	0.23

表 4-8 奈曼旗各行业用水量统计 （单位：万 m³）

年份	生活用水			第一产业用水						生态用水	第二产业用水量	第三产业用水量	合计
	城镇	农村	合计	牲畜用水	农业用水	林果灌溉	草场灌溉	鱼塘补水	合计				
2011	314	454	768	1 350	29 941	1 340	120	280	33 031	774	2 035	512	37 120
2012	320	460	780	1 810	28 690	1 820	140	1 300	33 760	960	2 640	520	38 660
2013	315	454	769	1 260	33 420	1 800	160	320	36 960	200	2 620	530	41 079
2014	319	459	778	1 134	33 048	1 900	1 400	0	37 482	800	1 515	540	41 115
2015	291	456	747	839	35 167	1 900	1 400	0	39 306	450	1 517	540	42 560
2016	275	470	745	940	36 028	1 700	1 200	0	39 868	300	1 312	541	42 766
2017	298	500	798	1 010	35 578	1 450	1 000	0	39 038	160	1 120	606	41 722

表 4-9 农业用水和第二产业用水量细分统计 （单位：万 m³）

年份	农业用水量细分				第二产业用水量细分		
	水田	水浇地	菜田	合计	工业	建筑业	合计
2011	5 799	22 042	2 100	29 941	2 000	35	2 035
2012	2 800	23 030	2 860	28 690	2 600	40	2 640
2013	2 400	29 820	1 200	33 420	2 600	20	2 620
2014	1 500	29 948	1 600	33 048	1 500	15	1 515
2015	1 525	31 962	1 680	35 167	1 500	17	1 517
2016	2 075	32 753	1 200	35 868	1 300	12	1 312
2017	1 680	32 643	1 255	35 578	1 120	15	1 135

表 4-10 奈曼旗耗水量 （单位：万 m³）

年份	第一产业		第二产业	第三产业	生活	生态	耗水量合计
	农田	林牧					
2011	23 886	2 829	1 275	358	546	697	29 519
2012	21 004	4 545	732	348	549	864	28 042

（续表）

年份	第一产业		第二产业	第三产业	生活	生态	耗水量合计
	农田	林牧					
2013	25 615	3 112	1 632	371	555	180	31 465
2014	25 907	3 939	945	373	546	720	32 430
2015	26 873	3 602	947	367	543	405	32 737
2016	26 770	3 021	1051	216	547	225	31 830
2017	24 570	2 747	463	296	489	96	28 661

2. 地下水环境质量亟待改善

全旗工业废水处理率已经到达 100%，城镇居民生活污水收集处理率仅为 50%左右，农村居民生活污水有部分随意排放，农业生产中农药化肥的长期过量施用，会对地下水水质造成一定的潜在污染风险。地下水源正由点污染、条带状污染向面污染转变，导致现状水质超标的，或水质虽未超标，但主要污染物浓度呈上升趋势的水源，威胁着城乡居民饮用水安全。统计资料显示，全旗 2011—2015 年平均废水排放量、化学需氧量、氨氮、总氮及总磷量分别为 974.5 万 t、9 637.9 t、706.3 t、2 539.7 t 和 255.0 t，其中，2015 年各指标排放量（除氨氮外）较 5 年均值显著增加，但 2016 年污染物排放总量急剧下降。全旗工业源和城镇生活源的废水排放量占总排放量的比重最大，其中工业源废水排放量呈现先增后减的趋势，其中 2015 年废水排放量达到高峰，其排放量是 2011 年的 1.95 倍；城镇生活源的废水排放量不稳定，其中 2013 年和 2015 年废水排放量高达 926.5 万 t、697.9 万 t，对地下水水质有潜在污染风险。来自农业的化学需氧量、总氮、总磷排放量呈逐年增加趋势，其主要原因是为了提升作物产量农药和肥料长期过量施用，2015 年化肥和复混肥施用量分别为 14.5 万 t、3.30 万 t，较前几年大幅提升，亟需科学合理减药减肥。总体来看，污染物排放、收集、处理管控问题不解决，水生态损害问题也难于解决。抓好水污染防治工作是落实绿色发展理念、推动奈曼旗生态建设的内在要求，是事关发展、事关民生的重大任务。因此，根据全旗污染物排放总量，因地制宜，科学设计，加快排污口管网建设，实现统一收集、集中处理、达标排放；加快形成工业废水、农村污水治理的长效机制，制定化肥、农药等产品的质量标准和使用标准，完善水污染防治措施，以更高标准、更高效率持续改善全旗水环境质量（图4-7，表4-11至表4-13）。

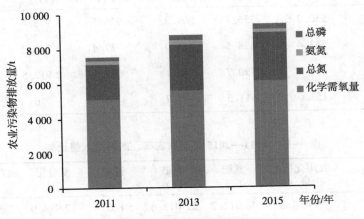

图 4-7　化肥施用量对比情况

表 4-11　全旗污染物排放总量

指标	单位	2011 年	2012 年	2013 年	2014 年	2015 年	2016 年
废水	万 t	668.1	822.7	1 457.5	621.0	1 303.1	153.0
化学需氧量	t	9 610.4	11 923.4	9 342.4	7 454.1	9 859.1	511.5
氨氮	t	699.7	1 023.9	733.6	505.3	569.0	45.7
总氮	t	2 023.6	2 646.9	2 646.9	1 679.6	3 701.6	227.9
总磷	t	203.3	284.7	284.7	158.9	343.3	16.4

表 4-12　工业和城镇生活源污染物排放量

年份	工业源			城镇生活源		
	废水 （万 t）	化学需氧量 （t）	氨氮 （t）	废水 （万 t）	化学需氧量 （t）	氨氮 （t）
2011	492.1	1 105.4	199.6	176	3 350	296.7
2012	509.8	1 036.7	229.2	312.9	4 708.7	568.1

（续表）

年份	工业源			城镇生活源		
	废水（万 t）	化学需氧量（t）	氨氮（t）	废水（万 t）	化学需氧量（t）	氨氮（t）
2013	530.8	736.7	209.2	926.5	2 975.6	267
2014	543.4	828.5	215.9	77.4	240.2	25.7
2015	604.8	790.7	185.1	697.9	2 912.5	195.4
2016	153.0	511.5	45.7	0	0	0

表 4-13　2011—2015 年全旗农药、肥料投入量比较

年份	农用化肥使用量（t）	氮肥（t）	磷肥（t）	钾肥（t）	复合肥（t）	农药使用量（t）
2011	9 494.2	48 012.2	22 013.6	5 863.4	17 984.9	515.1
2012	101 838	56 782	21 303	5 848	17 706	777.0
2013	103 813	56 606	22 553	5 948	18 706	751.0
2015	144 967	63 800	36 563	11 589	33 015	1 714.0

3. 沙漠化已成为本地农业持续发展的限制因子

奈曼旗地形为"南山中沙北河川"，沙地重点分布于大沁他拉镇、固日班花、白音他拉、东明、治安、明仁、八仙筒等地，沙地面积 4 882 km²，占全旗总土地面积 60%。

沙地植被脆弱，植被覆盖率低，多为流动和半流动沙丘，形成主要原因是干旱少雨，人为破坏，过度超载放牧，使部分固定沙地形成流动或半流动沙丘。据全旗土壤普查资料，从 20 世纪 50—70 年代中期，全旗沙漠化发展迅速，但自 1975 年以后，除了 1997—2000 年期间沙化面积有所回升之外，沙化面积总体上得到有效控制，尽管如此，奈曼旗生态环境压力仍有增加的趋势，当前仍然存在着严重的土地沙漠化问题。

全旗过度开垦破坏了土壤结构，使地表植被荡然无存。从 20 世纪 50 年代开始，全旗耕地面积不断增加，至 60 年代达到 1 390 km² 为最高水平。之后一直到 1996 年，耕地面积有所下降，1996—2000 年耕地有所扩大，之后又不断减少。全旗的耕地变化与沙漠化的发展趋势有很强的同步

性。由于草地严重超载过牧，导致草场退化且沙化有所发展。在植被破坏严重的地区，已有明显的流沙呈斑点状分布。在气候变暖、降水有所减少的背景下，干旱和沙漠化无疑将成为本地区农业持续发展的首要限制因子。因此，旗委、政府亟须把造林绿化、防沙治沙作为改善生态环境和人民群众生活水平的头等大事来抓，紧紧抓住国家实施西部大开发的战略机遇，依托"三北"防护林、防沙治沙、退耕还林、退牧还草、小流域治理等一系列国家重点生态建设工程，加快推进防沙治沙步伐，使科尔沁沙地在全国四大沙地中率先实现治理速度大于沙化速度的良性逆转。

4. 固体垃圾污染问题突出

全旗固体废弃物主要来自工业废弃物、畜禽粪便及农用塑料薄膜等，工业固体废物产生量逐年下降，大部分固体废弃物已综合利用或处置，但仍有少部分工业废弃物贮存，仅 2015 年一般工业固体废弃物贮存量为 0.90 万 t，存在严重的环境安全隐患。一是原化工区未处理完毕的危险固体废弃物存在巨大的环境安全隐患；二是体现在含油、含重金属和含有毒有机物的污泥，对人类的生存环境造成极大危害。随着全旗农牧业的快速发展，农田大量施用塑料薄膜，但大部分塑料薄膜没有及时回收，造成了潜在的环境污染；在养殖业中发现规模化的养殖场较少，造成畜禽粪便随意排放，不仅影响生态环境质量，且易造成二次污染（表4-14）。

表4-14　全旗固体废弃物排放情况

年份	一般工业固体废物产生量（万t）	一般工业固体废物综合利用量（万t）	一般工业固体废物处置量（万t）	其中：处置往年贮存量（万t）	一般工业固体废弃物贮存量（万t）	农用塑料薄膜使用量（t）	家畜（万头）
2011	2.25	1.34	0.83	0.73	0.85	725.31	154.65
2012	93.89	91.16	2.73	2.69	2.69	589.00	151.71
2013	92.50	32.43	52.36	0.00	7.70	114.00	138.85
2014	20.77	20.66	0.12	0.00	0.00	—	137.42
2015	12.73	11.82	0.00	0.00	0.90	319.00	128.93

5. 农村生态环境保护现状

全旗采取了植树造林、水库加固、矿山整顿、改水改厕改灶、能源建设及能源替代工程、重点区域天然林资源保护和退耕还林工程、农村水利设施和农村饮用水源地保护工程等一系列保护和改善农村生态环境的重大举措，加快了实施生态保护修复重大工程，加大了生态环境保护力度，使全旗农村生态环境得到了有效保护和改善。但农村生态环境仍面临严峻形势，突出表现在：旗内重要水库、湿地日趋萎缩，植被退化、土地沙漠化；部分林地乱砍滥伐，致使林木植被遭到破坏，生态功能衰退，水土流失加剧；农药化肥和农用薄膜的大量不合理使用，导致土质降低，农业面源污染加剧；生活污水任意排放，生活垃圾、畜禽粪便堆放，导致农村人居环境质量下降。

第五章　县域生态格局与生态功能区划

一、生态空间格局

（一）划定红线

1. 生态保护红线

生态保护红线是指对维护国家和区域生态安全及经济社会可持续发展具有重要战略意义，必须实行严格管理和维护的国土空间边界线。根据《生态保护红线划定指南》，应在重要生态功能区、生态环境敏感区和脆弱区以及其他重要的生态区域内，按照强制性、合理性、协调性、可行性以及动态性的原则划定生态保护红线。

奈曼旗生态保护红线划定方法是划出重点生态功能区，包括防风固沙区；禁止开发区，主要包括森林公园、自然保护区等类型；其他未列入上述范围，但具有重要生态功能和生态环境敏感、脆弱的区域，包括蓄滞洪区等（表5-1）。

表5-1　奈曼旗生态保护红线划定要素

要素类型		名称	保护对象
防风固沙 （国家级）	1	科尔沁沙地腹地沙化 土地禁封保护区	沙化土地
森林公园 （自治区级）	1	兴隆沼林场	森林公园
自然保护区 （旗县级）	1	哈日干图响水泉	湿地生态系统
	2	舍力虎水库	湿地及野生植物
	3	青龙山山地	草原及湿地原生植物
	4	孟家段水库	湿地生态系统

要素类型		名称	保护对象
其他重要生态功能	1	二牧场滞洪区	滞洪区
和生态环境敏感、脆	2	台吉佰滞洪区	滞洪区
弱的区域	3	莫合滞洪区	滞洪区

2. 永久基本农田

永久基本农田是为了保证耕地数量及质量需要严格坚守的红线。要严格控制建设项目占用基本农田，除国家重点能源、交通、水利、军事设施等重点建设项目确实无法避开基本农田保护区的，其他建设都不得占用基本农田；批准占用的，补充划入数量和质量相当的基本农田。同时，要进一步推进耕地数量、质量、生态三位一体保护，提升农业生产能力。

奈曼旗城市规划建设不得占用生态保护红线及永久基本农田内任何用地，对在上述区域内的村庄或工矿用地应逐步搬迁，并做好生态恢复工作（图 5-1）。

（二）生态安全格局构建

生态安全格局构建的目标是针对当前生态环境问题，规划设计区域性空间格局，保护和恢复生态良好性，实现对生态问题的有效控制，最终达到生态安全和可持续发展的目的。

规划首先针对生态环境问题划定基本生态控制区，然后以面积较大的林地、水域等核心斑块为源，重要河流水系走向为廊道，最终确立奈曼旗生态安全格局总体方案。

生态源地为对区域生态环境有一定调节作用的生态区，包括青龙山山地、哈日干图响水泉、孟家段自然保护区、舍力虎水库自然保护区；兴隆沼森林公园、科尔沁沙地腹地沙化土地禁封保护区等。

生态廊道为水系或者植被覆盖较好的绿廊，主要有教来河生态廊道、西辽河生态廊道、老哈河生态廊道，要加强廊道的保护与控制，预留廊道宽度控制区间，构筑生态安全屏障。

同时要重点发展生态不敏感及低敏感地区，促进人口和产业向生态敏感性较低，承载力高的地区集约紧凑发展（图 5-2）。

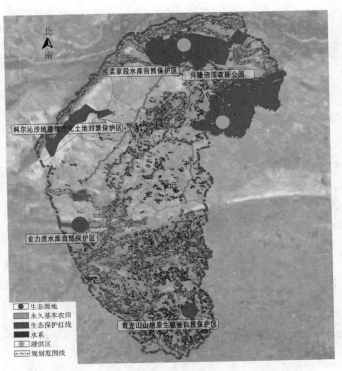

北
南

玉家段水库自然保护区
兴隆沼泽森林公园

科尔沁沙地腹地沙化土地封禁保护区

舍力虎水库自然保护区

青龙山山地原生植被自然保护区

- 生态源地
- 永久基本农田
- 生态保护红线
- 水系
- 滞洪区
- 规划范围线

图 5-1　奈曼旗生态保护红线及永久基本农田

二、生态功能区划

生态功能分区是根据区域生态环境要素、生态环境敏感性与生态服务功能空间分异的规律，并结合社会经济因素，将区域划分成不同生态功能区的过程，其目的是为制定区域生态环境保护与建设规划、维护区域生态安全以及资源合理利用与工农业生产布局、保育区域生态环境提供科学依据，促进区域可持续发展。

（一）区划方法

生态功能分区充分考虑当地的自然气候、地理特点、生态系统类型、生态环境特征以及区域生态环境敏感性和生态服务功能等条件；气候特征的相似性与地貌单元的完整性；生态系统类型与过程的完整性；生态服务功能的重要性、生态环境敏感性等因素的一致性，将奈曼旗域划分为 3 个

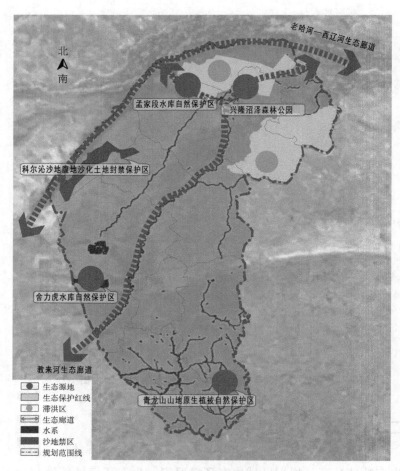

老哈河—西辽河生态廊道

北
南

孟家段水库自然保护区

兴隆沼泽森林公园

科尔沁沙地腹地沙化土地封禁保护区

舍力虎水库自然保护区

教来河生态廊道

生态源地
生态保护红线
滞洪区
生态廊道
水系
沙地禁区
规划范围线

青龙山山地原生植被自然保护区

图 5-2　生态安全格局构建

生态区，6 个生态功能区。

（二）区划方案（表 5-2，图 5-3）

表 5-2　奈曼旗生态功能区划分区

生态区		生态功能区	
代码	名　称	代码	名　称
I	奈曼平原生态区	I-1	东北部水源涵养与生物多样性保护功能区
		I-2	北部水土保持与生态农业功能区

（续表）

生态区		生态功能区	
代码	名　称	代码	名　称
Ⅱ	奈曼沙地丘陵生态区	Ⅱ-1	中西部防风固沙与水土保持功能区
		Ⅱ-2	中东部城镇与农业生态功能区
Ⅲ	奈曼山地丘陵生态区	Ⅲ-1	南部丘陵农业生态功能区
		Ⅲ-2	东南部生态保护与农业生态功能区

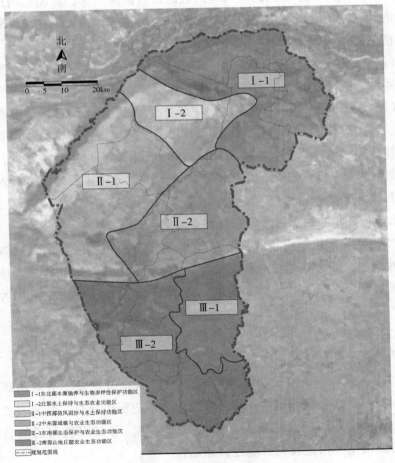

图5-3　生态功能区划分

（三）分区保护与发展指引

各生态区下划分出两个生态功能区，以下对各生态功能区提出保护建议与发展指引。

1. Ⅰ-1 东北部水源涵养与生物多样性保护功能区

（1）概况　位于旗域东北部，功能区内有兴隆沼森林公园；孟家段大型水库，是一座以灌溉为主，兼作分洪、鱼类养殖综合利用的大型沙漠水库；河流主要为西辽河和老哈河两条河流，基本不存在洪涝灾害；两处滞洪区，分别为在东明内的教来河附近的台吉佰滞洪区，在明仁内的教来河附近的二牧场滞洪区；区内主要旅游资源为柽柳林、人工林场、蒙古族文化特色民族风情等。

（2）主要生态环境问题　干旱、植被退化、土壤沙化现象严重，防风、固沙、抗洪、防火能力较差，生态环境脆弱。

（3）生态保护策略　功能区内应该严禁人为砍伐天然林，采取封山育林、封山护林、人工造林、退耕还林还草、防风固沙等措施，恢复和保护森林资源；做好水库、水源涵养林的保护工作；保护生物多样性；协调好旅游开发与生态保护之间的关系，限制人类活动，主要发展高效农林业和生态旅游业。

2. Ⅰ-2 北部水土保持与生态农业功能区

（1）概况　位于旗域北部，河流主要分布在功能区的南北两端，南面是教来河，北边是老哈河和西辽河，教来河已经干涸。功能区内旅游资源主要有沙漠、草原、水库、柽柳、森林资源、契丹文化龙化州古城遗址等。

（2）主要生态环境问题　八仙筒地处科尔沁沙地中部，干旱、风沙灾害严重；土地沙化盐碱化，土壤肥力低；草场退化。

（3）生态保护策略　功能区内要加强基本农田建设，不能破坏或占用基本农田，必要区域退耕还林，非农田区域应积极绿化，恢复自然生态环境。加强水系两侧绿化建设，美化岸线景观，尽量保持河道的自然状态，河流两岸林带建设与景观建设相结合。

3. Ⅱ-1 中西部防风固沙与水土保持功能区

（1）概况　位于旗域中西部，功能区以沙漠化控制、水土保持及生物多样性维护为主要生态服务功能。区内有科尔沁沙地腹地沙化土地封禁保护区、舍力虎水库自然保护区等特色资源。

（2）主要生态环境问题 土壤沙漠化极度敏感，人类活动引起沙漠植被破坏、土壤退化、威胁生态安全。

（3）生态保护策略 减小人类活动对脆弱生态系统的干扰，维护固定、半固定沙漠景观与植被，治理活化沙丘，使其逐步达到完全固定，保护沙漠植被、防止沙丘活化。加强滨水地带湿地保护与绿化建设，严防水体污染；促进周边特色农业规模化经营。严格控制沙化土地周边的城镇建设活动。

4. Ⅱ–2 中东部城镇与农业生态功能区

（1）概况 功能区主要范围为奈曼旗中心城区及固日班花镇域，是城镇、农业及产业发展的集中区域。奈曼中心城区有文物保护单位2处，其中奈曼王府为国家级重点文物保护单位，奈曼旗烈士历史纪念碑为市级文物保护单位。在功能区南部有莫合滞洪区，对于城市安全具有重要的防洪意义。

（2）主要生态环境问题 污染源的控制和污染治理。

（3）生态保护策略 优化城镇空间布局，加强城市园林绿化，普及生态住宅，建设生态工程提高人居环境，开展清洁生产，减小环境污染。在进行城镇建设时，要进行景观生态和生态安全设计；城市建设项目必须进行环境影响评价，按照环评提出的环境保护措施施工、运营；工矿企业执行排污申报制度、污染物排放总量控制和"三同时"制度；严格执行水、气、声、渣污染排放控制管理，不得将污染物直接排入大气、主河道和各类水体中；控制城市建设无序扩张，严格保护城区周边植被，建设隔离绿带。区域内分布有大量基本农田，要加强基本农田保护与建设，在农业生产过程中，减少使用化肥农药，推广使用生态型肥料，减轻农业施肥对土壤的污染。

5. Ⅲ–1 南部丘陵农业生态功能区

（1）概况 位于旗域南部地段，是农业生产与产业发展的集中区域。主要处于新镇镇域，地势南高北低，一般海拔高度为300～500m。最高点是南部边界老道山西南峰794.5m。

（2）主要生态环境问题 北部和西部土壤沙化和盐碱化严重；农业

生产中人类活动的干扰对区域环境造成影响。

（3）生态保护策略　在水土保持的前提下，建设果树林、经济林；山区绿化以生态林和防护林为主，建立绿色生态屏障。主要发展生态农业，严格控制化肥和农药的使用，积极发展有机农业，建设有机农副食品基地。

6. Ⅲ-2 东南部生态保护与农业生态功能区

（1）概况　位于旗域东南部，域内山体较多，地势起伏较大，雨季防洪抗洪任务比较艰巨。其中，东南部产业以矿业开采为主，区内旅游资源丰富，有辽代陈国公主墓、青龙山山地原生植被自然保护区、萧氏家族墓、哈日干图响水泉自然保护区、龙尾沟、燕长城、土城子遗址等保存较好的多处旅游景观，具有开发观赏价值。

（2）主要生态环境问题　植被破坏严重、植被退化沙化、水土流失严重。

（3）生态保护策略　保护与恢复天然植被，建设人工植被，防风固沙。规范人们的生产经营方式，采取治理、利用和环境保护相结合的办法以实现生产的持续发展和资源的合理利用；先固沙后开发，营造经济林，注重综合效益，注重林粮、林木、林草的有机结合；积极发展农田水利基本建设、治理植被退化沙化的群众运动，走生态环境改善和畜牧业发展良性循环的道路。加强对矿产开采的监督和管理，推进区域内矿产采石迹地生态修复工程，经整理石山地形、迹地造景、植被植生等措施，恢复自然景观，提升生态景观价值。区内水域河流是奈曼旗域重要的水源和生态廊道，防止河流污染，提升水库蓄水功能，保持或提高水源地的水质质量。

三、奈曼旗国家重点生态功能区产业准入负面清单

奈曼旗地处科尔沁草原生态功能区，奈曼旗重点生态功能区产业准入负面清单（以下简称清单）涉及国民经济 5 个门类 19 个大类 37 中类 52 小类（表5-3）。其中限制类涉及 5 个门类 14 个大类 22 中类 36 小类，禁止类涉及 3 个门类 8 个大类 15 中类 16 小类。清单相关说明如下。

➤清单依据土地管理法、草原法、森林法、环境保护法、城乡规划法

等法律法规编制。

➤清单所列的各类管控要求依据所处重点生态功能区规划目标、发展方向和开发管制原则，以及《产业结构调整指导目录（2011 年本）》（2013 年修正，以下简称《指导目录》）、各类行业规范条件、产业准入条件、地方相关产业准入政策等提出。

➤清单所列产业不涉及由国家规划布局的产业（如核电、航空运输、跨流域调水等）。

➤列入清单限制类产业有：《指导目录》中的限制类（已列入清单禁止类的产业除外），以及与所处重点生态功能区发展方向和开发管制原则不相符合的允许类、鼓励类产业。

➤列入清单禁止类产业有：《指导目录》中的淘汰类，以及不具备区域资源禀赋条件、不符合所处重点生态功能区开发管制原则的限制类、允许类、鼓励类产业。

➤清单所列产业的准入条件均严于国家。与《指导目录》中限制类、淘汰类要求一致的，其涉及的产业不再在清单表格中重复列出。

➤奈曼旗行政区域内的自然保护区、世界文化自然遗产、风景名胜区、森林公园、地质公园、饮用水水源保护区等区域的管控要求依照相关法律法规执行，不再在清单表格中复述。

➤落实《内蒙古自治区主体功能区规划》《内蒙古自治区人民政府关于自治区主体功能区规划的实施意见》和《内蒙古自治区限制开发区域限制类和禁止类产业指导目录》（2016 年），在清单实施过程中国家、自治区调整相关规划和政策时，同步执行新规划和新政策。

表 5-3 奈曼旗重点生态功能区产业准入负面清单

序号 (代码及名称)	门类 (代码及名称)	大类 (代码及名称)	中类 (代码及名称)	小类 (代码及名称)	产业存在状况	管控要求	《指导目录》中类型
1	A 农林牧渔业	01 农业	011 谷物种植	0111 稻谷种植	限制类	禁止在 20°以上陡坡地开垦种植农作物；现有 20°以上区域立即退耕还草。对重要水源地 15°～20° 坡耕地于 2019 年 12 月 31 日前退耕还林还草还湿。禁止开展草原垦殖。禁止地下水开展非节水型旱作农业。禁止施用高毒农药，化肥施用强度（折纯）控制在 250kg/hm² 之内。	允许类
2				0112 小麦种植	现有主导产业		允许类
3				0113 玉米种植			允许类
4				0119 其他谷物种植			允许类
5			012 豆类、油料和薯类种植	0123 薯类种植	现有主导产业		允许类
6			017 中草药种植	0170 中药材种植	现有主导产业		允许类
7		02 林业	022 造林和更新	0220 造林和更新	现有一般产业	禁止新建灌溉型造纸原料林项目；禁止新建有碍生物多样性维护的林纸一体化造林项目。	允许类
8			024 木材和竹材采运	0241 木材采运	现有一般产业	禁止在天然林保护区、公益林（国家级公益林、地方公益林）、防护区内开展不利于水土保持的采伐，禁止皆伐等不利于更新性质的采伐方式。禁止林地非保护性采伐，一级生态公益林严禁林木采伐行为。	限制类

（续表）

序号	门类（代码及名称）	大类（代码及名称）	中类（代码及名称）	小类（代码及名称）	产业存在状况	管控要求	《指导目录》中类型
9	A 农林牧渔业	03 畜牧业	031 牲畜饲养	0311 牛的饲养	现有主导产业	年度存栏量控制在国家和自治区要求范围内。封闭围内，对禁牧区实行全年禁牧、天然草场实行季节性休牧，休牧时间为每年3月1日至8月31日。休牧期内含饲圈养，规模化养殖场配套建设养殖废弃物无害化处理设施。	限制类
10				0312 马的饲养	现有一般产业		限制类
11				0313 猪的饲养	现有主导产业		限制类
12				0314 羊的饲养	现有主导产业		限制类
13				0315 骆驼饲养	现有一般产业		限制类
14				0319 其他牲畜饲养	现有一般产业		限制类
15		04 渔业	041 水产养殖	0412 内陆养殖	现有一般产业	禁止湖泊、水库投饵网箱养殖，现有企业2019年12月31日前关停。	限制类
16			042 水产捕捞	0422 内陆捕捞	现有一般产业	捕捞区域仅限于现有水库和养殖鱼塘，年捕捞规模控制在2万t以内，禁止在禁渔期实施捕捞。	限制类

— 89 —

（续表）

序号	门类 （代码及名称）	大类 （代码及名称）	中类 （代码及名称）	小类 （代码及名称）	产业存在状况	管控要求	《指导目录》中类型
17		08 黑色金属矿采选业	081 铁矿采选	0810 铁矿采选	现有一般产业	禁止新扩建。现有矿山开展资源整合和技术改造工作，工艺和设备水平先进、清洁生产水平应达到国内先进水平。现有小型矿山于2019年12月31日前关停。对关闭和废弃矿坑开展地质环境治理及进行生态恢复。	允许类
18		09 有色金属矿采选业	091 常用有色金属矿采选	0912 铅锌矿采选	现有一般产业	新建工程生产工艺、技术装备和清洁生产水平必须达到国内先进水平。现有矿山开展资源整合和技术改造工作，工艺和设备水平先进、清洁生产水平达到国内先进水平、不达标的矿山于2019年12月31日前关闭。现有开采规模小于3万t/年的小型矿山及处理矿石能力小于2000t/日的选矿企业于2019年12月31日前关停。对关闭和废弃矿坑及进行生态恢复。	允许类
19	B采矿业	092 贵金属矿采选	0921 金矿采选	现有一般产业	新建工程生产工艺、技术装备和清洁生产水平必须达到国内先进水平。现有矿山开展资源整合和技术改造工作，工艺和设备水平先进、清洁生产水平达到国内先进水平、不达标的矿山于2019年12月31日前关闭。现有开采规模小于3万t/年的小型矿山及处理矿石能力小于2000t/日的选矿企业于2019年12月31日前关停。对关闭和废弃矿坑及处理矿坑进行地质环境治理及进行生态恢复。	允许类

（续表）

序号	门类 （代码及名称）	大类 （代码及名称）	中类 （代码及名称）	小类 （代码及名称）	产业存在状况	管控要求	《指导目录》中类型
20	B 采矿业	10 非金属矿开采	101 土砂石开采	1012 建筑装饰用石开采	现有一般产业	禁止新扩建。现有矿井应尽快开展资源整合和技术改造，工艺技术、清洁生产水平达到国内先进生产水平。现有建筑装饰用石矿山，于 2019 年 12 月 31 日前关停。现有企业须对关闭和废弃矿坑开展地质环境治理及进行生态恢复。	允许类
21				1019 黏土及其他土砂石开采	现有一般产业	新建用于铺路和建筑材料的石料、石渣，砂是开采工程生产规模必须达到国家和自治区行业准入要求。生产工艺、技术装备和清洁生产水平必须达到国内先进水平。现有矿山改造，清洁生产水平达到国内先进水平。现有开采规模达到国内先进水平的建筑用砖瓦黏土等非金属矿山限期于 2019 年 12 月 31 日前金业须对关闭和废弃矿坑开展地质环境治理及进行生态恢复。	限制类

（续表）

序号	门类 （代码及名称）	大类 （代码及名称）	中类 （代码及名称）	小类 （代码及名称）	产业存在状况	管控要求	《指导目录》中类型
22	C 制造业	13 农副食品加工业	133 植物油加工	1331 食用植物油加工	现有一般产业	新建企业必须布局在奈曼旗工业园区，企业生产规模、工艺和设备水平、清洁生产水平必须符合国内先进水平。现有单条线日处理油菜籽、棉籽 200t 及以下，花生 100t 及以下的油脂类加工项目期限于 2019 年 12 月 31 日关停。现有企业生产规模、生产工艺和设备水平、清洁生产水平、单位产品排水量、废水回用率提升期限于 2019 年 12 月 31 日前提升至国内先进水平。	允许类
23			135 屠宰及肉类加工	1352 禽类屠宰	现有一般产业	新建项目仅限布局在奈曼旗工业园区，生产规模必须达到国家和自治区行业准入要求，工艺和设备、清洁生产水平必须达到国内先进水平。现有工程生产工艺、设备水平、清洁生产水平、单位产品排水量、废水回收率提升期限于 2019 年 12 月 31 日前提升至国内先进水平。	允许类
24				1353 肉制品及副产品加工	现有一般产业	新建项目仅限布局在奈曼旗工业园区，生产规模必须达到国家和自治区行业准入要求，工艺和设备、清洁生产水平必须达到国内先进水平。现有工程生产工艺、设备水平、清洁生产水平、单位产品排水量、废水回收率提升期限于 2019 年 12 月 31 日前提升至国内先进水平。	允许类

（续表）

序号	门类（代码及名称）	大类（代码及名称）	中类（代码及名称）	小类（代码及名称）	产业存在状况	管控要求	《指导目录》中类型
25		15 酒、饮料和精制茶制造业	152 饮料制造	1521 碳酸饮料制造	现有一般产业	新建项目仅限布局在蔡曼旗工业园区，生产规模必须达到国家和自治区行业准入要求，清洁生产工艺、设备水平、工艺和设备，清洁生产工艺水平、单位产品排水量，废水回收率限期于2019年12月31日前提升至全国国内先进水平。	允许类
26	C 制造业	20 木材加工和木、竹、藤、棕草制品业	201 木材加工	2012 木片加工	现有一般产业	禁止新扩建。现有企业年生产锯材不超过2 000m³，进一步提升工艺技术与装备水平，清洁生产水平限期于2019年12月31日前提升至全国国内先进水平，并逐步执行污染物特别排放限值。	限制类
27				2019 其他木材加工	现有一般产业		限制类
28			202 人造板制造	2021 胶合板制造	现有一般产业		限制类
29				2022 纤维板制造	现有一般产业		限制类
30		26 化学原料和化学制品制造业	262 肥料制造	2624 复混肥料制造	现有一般产业	新建项目仅限布局在蔡曼旗工业园区，生产规模必须达到国家和自治区行业准入要求，工艺和设备，清洁生产工艺水平先进技术。现有企业开展资源整合和技术改造，工艺技术，清洁生产水平限期于2019年12月31日前达到国内先进水平，执行污染物特别排放限值。	允许类

（续表）

序号	门类（代码及名称）	大类（代码及名称）	中类（代码及名称）	小类（代码及名称）	产业存在状况	管控要求	《指导目录》中类型
31	C 制造业	30 非金属矿物制品业	301 水泥、石灰和石膏制造	3011 水泥制造	现有主导产业	禁止新扩建。现有项目生产工艺和设备水平，清洁生产水平限期于2019年12月31日前提升至国内先进水平。现有2000t/日以下熟料新型干法水泥生产线和60万t/年以下水泥粉磨站于2019年12月31日前关停。	限制类
32			302 石灰和石膏制造	3022 石灰和石膏制造	现有一般产业	新建项目仅限布在奈曼旗工业园区，生产规模必须达到自治区行业准入要求，工艺和设备、清洁生产水平必须达到国内先进水平。现有项目生产工艺和设备水平，清洁生产水平限期于2019年12月31日前提升至国内先进水平。	允许类
33	D 电力、热力、燃气及水生产和供应业	44 电力、热力生产和供应业	441 电力生产	4411 火力发电	现有一般产业	禁止新扩建除热电联产以外的火电项目，并不得采用水冷方式。现有项目限期于2019年12月31日前完成超低排放改造。	允许类
34				4414 风力发电	现有主导产业	规模控制在国家和自治区要求范围内。新建单机组规模不小于1.5kW。新建项目仅限布在规划区范围内，并对项目区进行生态恢复。	允许类
35				4415 太阳能发电	现有主导产业	太阳能发电规模控制在国家和自治区要求范围内，新建项目仅限布在规划区范围内，并对项目区进行生态恢复。	允许类

（续表）

序号	门类 （代码及名称）	大类 （代码及名称）	中类 （代码及名称）	小类 （代码及名称）	产业存在状况	管整要求	《指导目录》中类型
36	K 房地产业	70 房地产业	701 房地产 开发经营	7010 房地产 开发经营	现有一般产业	房地产开发项目在城乡规划区范围 内集中布局，禁止成片蔓延式扩张， 退耕还林在林地内，退耕还草区域 禁扩建。	允许类
1	A 农、林、牧、渔业	03 畜牧业	033 狩猎和 捕捉动物	0330 狩猎和 捕捉动物	禁止类	禁止新建	限制类
2	B 采矿业	06 煤炭开采 和洗选业	061 烟煤和无 烟煤开采洗选	0610 烟煤和无 烟煤开采洗选	规划发展产业	禁止新建	允许类
3			062 褐煤 开采洗选	0620 褐煤 开采洗选	规划发展产业	禁止新建	允许类
4			069 其他煤 炭采选	0690 其他 煤炭采选	规划发展产业	禁止新建	允许类
5	C 制造业	17 纺织业	171 棉纺织及 印染精加工	1713 棉印染 精加工	规划发展产业	禁止新建	限制类
6			172 毛纺织及 染整精加工	1723 毛染整 精加工	规划发展产业	禁止新建	限制类
7			173 麻纺织及 染整精加工	1733 麻染整 精加工	规划发展产业	禁止新建	限制类
8			174 丝绢纺织 及印染精加工	1743 丝印染 精加工	规划发展产业	禁止新建	限制类

（续表）

序号	门类（代码及名称）	大类（代码及名称）	中类（代码及名称）	小类（代码及名称）	产业存在状况	管控要求	《指导目录》中类型
9		19 皮革、毛皮、羽毛及其制品和制鞋业	175 化纤织造及印染精加工	1752 化纤织物染整精加工	规划发展产业	禁止新建	限制类
10			191 皮革鞣制加工	1910 皮革鞣制加工	规划发展产业	禁止新建	限制类
11		22 造纸和纸制品业	221 纸浆制造	2211 木竹浆制造	规划发展产业	禁止新建	限制类
12				2212 非木竹浆制造	规划发展产业	禁止新建	限制类
13	C 制造业		222 造纸	2221 机制纸及纸板制造	规划发展产业	禁止新建	限制类
14		25 石油加工、炼焦和核燃料加工业	252 炼焦	2520 炼焦（含煤化工项目）	规划发展产业	禁止新建	限制类
15		30 非金属矿物制品业	304 玻璃制造	3041 平板玻璃制造	规划发展产业	禁止新建	禁止类
16			303 砖瓦、石材等建筑材料制造	3032 建筑陶瓷制品制造	规划发展产业	禁止新建	禁止类

第六章　县域(奈曼旗)生态与产业协调发展的思路与目标

一、总体思路

深入贯彻党的十九大精神和习近平生态文明思想，坚持绿水青山就是金山银山的理念，依照生态文明建设和绿色发展的要求，以建立低碳循环经济体系、倡导绿色低碳生活方式为目标，依托资源环境承载能力进行经济建设，以产业发展生态化、生态建设产业化为主线，着力调整并优化相关产业结构，突出抓好发展生态产业、加强生态基础设施建设、推进生态环境治理、建设生态宜居环境，重点实施水资源集约利用、新兴生态产业发展、资源型产业生态化改造、生态种养发展、生态旅游发展、固体废弃物处置等工程，使生态优势转化为经济发展优势，努力走出一条具有奈曼特色的经济发展与生态文明建设新路。

二、发展原则

(一) 坚持发展和保护并重

落实主体功能区规划和国家重点生态功能区产业准入负面清单，利用生态理念和生态技术，培育发展新兴产业和新型业态，改造现有产业，建设生态产业园区，对现有园区实施生态化改造，最大限度减少能源资源消耗和污染排放，促进产品绿色化、健康化、安全化，实现存量优化、增量壮大、提质增效。

(二) 坚持重点突破和整体推进

立足当前稳增长，着眼长远可持续，有效整合资源，落实创新政策，以重点领域、重要环节、重大产业和重点园区为突破口，突出重点任务，实施重点工程，全面推行绿色生产方式和生活方式，形成"以点带面、点面结合、全面推进生态经济发展"的格局。

（三）坚持深化改革和创新驱动

以改革创新作为推动生态经济发展的基本动力，破除体制机制障碍，改革传统生产生活方式，推进产业发展与"互联网+"深度融合，促进农业与休闲旅游相结合，工业与智能化改造相结合，财政资金与社会资本相结合，城乡建设与文化传承相结合。切实贯彻落实国家各项生态文明建设制度，用制度保护生态环境和发展生态经济。

（四）坚持空间管控和分类治理

生态优先，节水当头，统筹生产、生活、生态空间管理，划定并严守生态保护红线，维护区域生态安全。建立系统完整、责权清晰、监管有效的管理格局，分区分类管控，分级分项施策，提升精细化管理水平。

（五）坚持政府引领和市场导向

充分发挥市场在资源配置中的决定性作用，更好地发挥政府作用，培育多元投资主体，以需求为导向，按照规模开发、专业管理和品牌经营的产业发展模式，建设生态基础设施和实施保护生态环境工程，有效兼顾生态效益和经济效益。

三、发展目标

通过在保护中发展，在发展中保护，奈曼旗最终建设成为生态和经济空间管控与布局科学、资源集约利用、环境承载合理、产业结构优化、生态与经济发展协调、绿色发展体制机制完善的区域可持续发展新样板，引领带动通辽乃至内蒙古区域绿色发展、协调发展、创新发展、融合发展，探索生态文明建设的"奈曼模式"。

（一）产业发展目标

——产业结构进一步优化。传统种养业的节水节能改造长足发展，工业劳动产出率与资源利用率明显提高。全旗工业园区和农业产业园得到生态化改造。文化旅游产业大力发展，成为第三产业发展新的增长点和未来经济的支柱产业之一。

——特色农牧业稳步发展。到 2020 年，农牧业规模化种养和农产品加工业取得明显发展，为第一产业的进一步发展打下坚实基础，其中，种植业 17.46 亿元，经济林果业 11.05 亿元，特色牧业 9 亿元，农产品加工业 26 亿元；到 2025 年，农牧业和农产品加工业保持快速和持续的强劲发展势头，在通辽市形成一定的竞争优势，其中，种植业 24.02 亿元，经济林果业 16.26 亿元，特色牧业 15 亿元，农产品加工业 32 亿元；到 2030 年，奈曼旗特色农牧业完成质的飞跃，内部子产业结构科学合理，对外拥有区域性的产业竞争优势。奈曼旗成为内蒙古东部特色草食畜生产基地，东北地区世界蒙中药材生产、加工、流通和科技创新中心，中国杂粮杂豆功能食品生产基地，其中，种植业 34.50 亿元，经济林果业 17.84 亿元，特色牧业 18 亿元，农产品加工业 38 亿元。

——形成环境友好型工业体系。发展环境友好型工业，打造新材料、新能源、沙产业和大数据四大主导产业为核心的工业新格局。打造完整的产业链条：大力发展新材料产业，打造以镍基合金为主的新材料全产业链；积极开展沙资源保护和综合开发利用，改造提升传统建材产业，大力开发新型建材，打造有地区特色的沙产业链；充分发挥地域优势，谋划发展新能源产业；建设区域性大数据中心和云服务平台，推动大数据与实体经济融合，形成大数据产业链条。到 2020 年，奈曼旗工业增加值达到 20 亿元；到 2025 年，工业增加值达到 40 亿元；到 2030 年，工业增加值达到 80 亿元。

——现代服务业成为区域经济新引擎。打造以文化和旅游产业为增长极的特色现代服务业，同步发展生活性服务业和生产性服务业体系，形成综合性现代服务业体系，支撑经济发展。其中，旅游产业，至 2020 年，重点突破，进行转型升级，培育产业，梳理体系，建成内蒙古自治区全域旅游示范旗县，全旗年接待游客总量 200 万人次，旅游总收入达到 12 亿元；至 2025 年，进行产业提升，铸造品牌，关注质量，建成全国全域旅游示范旗县，全旗年接待游客量 400 万人次，旅游总收入达到 23 亿元；至 2030 年，产业融合，全面提升，持续发展，完成奈曼旅游品牌重塑与提升，全旗年接待游客总量 600 万人次，旅游总收入达到 30 亿元。

（二）生态与环境保护目标

奈曼旗生态环境保护的目标是资源能源节约集约利用水平大幅提高。资源环境约束性指标顺利完成，生态环境质量位居全国前列。至 2020 年，全旗空气质量保持稳定，土壤环境质量总体保持稳定；至 2030 年，资源环境约束性目标任务全面完成。农业万元产值耗水降到 75m³，万元工业增加值用水量由 148m³ 降至 40m³，工业固体废物综合利用率达到 100%；空气质量极大改善，饮用水安全保障水平显著提升，土壤环境质量逐步改善，城镇污水集中处理率和生活垃圾无害化处理率均达到 100%。具体指标见表 6-1，表 6-2，表 6-3。

表 6-1　生态保护和资源利用目标

指标分类		指标名称	目标值（2030 年）	指标属性
空间格局	城镇空间	城镇开发边界	不突破	约束性
	农业空间	永久基本农田保护区	不降低	约束性
	生态空间	生态保护红线	遵守	约束性
		受保护地区占国土面积比例（%）山区 丘陵 平原	≥30 ≥20 ≥14	约束性
资源利用	水资源节约与利用	单位地区生产总值用水量(m³/万元 GDP)	≤75	约束性
		农田灌溉水有效利用系数	≥65	约束性
		农业单位产值耗水量（m³/万元）	≤500	约束性
		地膜回收率（%）	98	预期性
		土壤有机质含量（%）	不降低	预期性
		秸秆回收利用率（%）	100	预期性
		养殖小区废弃物资源化利用率（%）	100	预期性

（续表）

指标分类		指标名称	目标值 （2030 年）	指标属性
生态保护	生态保护	生态环境状况指数（EI）	≥55 且不降低	约束性
		建成区绿化覆盖率（%）	40	预期性
		森林覆盖率（%）	≥35	预期性
		草原覆盖率（%）	≥60	预期性

表 6-2 环境保护目标

指标分类	指标名称	指标值 （2030 年）	指标属性
环境质量	大气环境 　环境空气质量优良率（%）	90	预期性
	$PM_{2.5}$，年均浓度下降率（%）	5	
	PM_{10}，年均浓度下降率（%）	10	
	水环境 　饮用水水源地、地表水功能区、地下水水质的达标率（%）	100	预期性
	土壤环境（农用土壤环境质量）	清洁	预期性
	声环境（环境噪声达标区覆盖率%）	100	预期性
总量减排	大气污染（不包括机动车辆） 　二氧化硫（t） 　氮氧化物（t） 水污染物（不包括农业污染源） 　化学需氧量 　氨氮（t）	按照国家和内蒙古自治区下达的总量减排目标执行	约束性
污染控制	大气污染控制 　重点污染源工业废弃排放达标率（%）	100	预期性
	工业废气中烟尘去除率（%）	≥98	预期性
	城镇规划区集中供热率（%）	100	预期性
	机动车尾气排放达标率（%）	100	预期性
	水污染控制 　工业废水排放达标率（%）	100	预期性
	工业用水重复利用率（%）	95	预期性

（续表）

指标分类	指标名称	指标值 （2030年）	指标属性
	城镇生活污水集中处理率（%）	100	预期性
	城镇中水（生产和生活）回用率（%）	≥20	预期性
	乡村生活污水集中处理率（%）	≥60	预期性
污染控制	固体废物污染控制		
	城镇生活垃圾无害化处理率（%）	100	预期性
	工业固体废物处置利用率（%）	100	预期性
	乡村固体垃圾废弃物处置利用率（%）	≥60	约束性
环境综合 整治指标	村庄环境综合整治率（%）	≥80	约束性
	城镇人均公园绿地面积（m²/人）	≥12	约束性
环境管理	环保投资占GDP的比重（%）	≥4.5	预期性
	重点污染源在线监控设施建成率（%）	100	预期性
	环境信息公开度（%）	100	预期性
	规划和建设项目环评执行率（%）	100	预期性

按照国家、建设部、内蒙古自治区有关环卫的产业政策，结合奈曼旗实际情况，并根据城市发展的需要制订了环境基础设施发展目标（表6-3）。

表6-3 环境卫生规划发展目标

序号	内容	城关镇		乡镇村庄	
		近期 （2025年）	远期 （2030年）	近期 （2025年）	远期 （2030年）
1	生活垃圾分类收集覆盖率（%）	50	90	20	70
2	生活垃圾无害化处理率（%）	90	100	80	100
3	生活垃圾资源化利用率（%）	30	60	—	—
4	粪便无害化处理率（%）	100	100	60	100
5	医疗垃圾无害化处理率（%）	100	100	100	100
6	道路机械清扫率（%）	60	80	—	—

（续表）

序号	内容	城关镇		乡镇村庄	
		近期 （2025 年）	远期 （2030 年）	近期 （2025 年）	远期 （2030 年）
7	主次干道洒水率（%）	80	100	—	—
8	水域保洁率（%）	80	100	60	80
9	水冲式公共厕所比例（%）	80	100	60	80

第七章 生态与农业协调发展战略

通过积极培育奈曼旗新型农牧业经营主体，完善奈曼旗农业社会化服务体系，发展适度规模经营，优化生产经营体系，创新奈曼旗农牧业发展体制机制，打通先进生产力进入农业的通道，全面激活市场、激活要素、激活主体，促进农牧业产业集聚、企业集群发展，发挥引领辐射带动作用，增加农业效益，形成农业农村经济发展新的动力源。在发展的同时，实现扩展环境承载力、改善环境质量为目标，从资源节约型、环境友好型社会建设着眼，从生态环境修复治理入手，坚持经济发展与环境保护协调推进。

一、种植业

（一）现状与问题

1. 发展现状

（1）粮食、经济、饲料作物　奈曼旗目前种植的主要有玉米、谷子、甘薯、辣椒、大豆、水稻、葵花、西瓜、荞麦、高粱、蔬菜等，适生作物品种较多。近年来，玉米效益下降，其他抗旱经济作物有所发展，但玉米面积一支独大的局面仍然存在。2016年，奈曼旗农作物播种面积390万亩，玉米面积238万亩，约占奈曼旗农作物播种面积的61%，其中，玉米高产田160万亩。"为养而种"的思想被越来越多的农牧民接受，2016年奈曼旗青贮玉米面积达到30万亩，约占奈曼旗农作物播种面积的7.7%；已建成的饲料基地面积约50万亩，约占奈曼旗农作物播种面积的12.8%。2016年，新增绿色高效特色作物20万亩，总面积达到140万亩，约占奈曼旗农作物播种面积的35.9%。粮食作物中，谷子50万亩、杂粮杂豆20万亩、甘薯5万亩、西瓜8万亩、水稻5万亩、红干椒10万亩、蔬菜8

万亩、葵花 11 万亩、药材作物 8 万亩。2016 年，籽粒玉米、饲料作物与经济作物比例为 200：50：140。

农业机械化、社会服务化、品牌化发展势头良好。2016 年，奈曼旗机耕面积达 310 万亩，约占全部耕地的近 80%，其中，深耕 70 万亩，约占机耕面积的 22.58%；机播面积达 280 万亩，约占全部耕地的 71.8%，其中，精量播种面积 180 万亩；玉米机收面积 120 万亩，约占玉米总播种面积的 54.55%；推广保护性耕作面积 40 万亩、免耕播种面积 60 万亩、机械深施化肥 210 万亩、玉米机械化收获 120 万亩、药材机械化种植 3.5 万亩。测土配方施肥推广以来，奈曼旗累计推广测土配方施肥技术面积 1 400 万亩，发放施肥建议卡 55.81 万份，配方肥施肥面积 804 万亩，配方肥施用量 15.936 万 t。据统计，2010—2017 年，随着测土配方施肥技术的推广以及秸秆还田量的增加，奈曼旗施肥结构得到改善，氮肥使用比例有所下降，磷、钾肥施用比例上升，配方肥、复混肥施用比例加大。合作社建设方面，2016 年，奈曼旗农机合作社作业服务面积 90 万亩，其中达到"五化"标准的合作社为 12 家。已打造"青龙山粉条"、杂粮杂豆等绿色有机品牌，已通过绿色产品品牌认证 2 个，有机产品品牌 1 个；注册"奈曼沙果""奈曼高粱""青龙山粉条""奈曼小米""奈曼荞面""奈曼瓜子"原产地认证商标 6 枚。

（2）蒙中药材　奈曼旗南部石质山区属于粗骨褐土、栗钙土、黄褐土、沙壤土等，中部沙区属于沙壤土，适宜多种中药材种植，特别是草本药材。主要蒙中药品种有冬花、黄芪、防风、桔梗、丹参、黑枸杞、牛膝等。2015 年，奈曼旗委、旗政府开始发展蒙中药材，建立了沙日浩来镇东沙村和大镇昂乃村两个蒙中药材种植品种试验示范基地，发展蒙中药材种植 1.5 万亩；2017 年，种植面积已达 8 万亩，涉及奈曼旗各苏木乡镇场，其中核心示范区 1 万亩，大田 7 万亩。主要种植品种 22 个，其中多年生药材 4.3 万亩，主要以苦参、桔梗、柴胡、甘草、黄芪、苍术、射干、黄芩等品种为主；当年生药材 3.7 万亩，主要以板蓝根、丹参、款冬花、牛膝、北沙参等品种为主。

销售渠道建设上，奈曼旗 2016 年与多家药企达成合作，通过政策支持、订单回收等模式，建设以黄芪、丹参、甘草、苦参等为主的药材种植基地 5 万亩。同时与河北省安国市及内蒙古民族大学合作，在大沁他拉镇周边建成 1 万亩药材种植核心示范区，示范区由种植示范区、种子种苗繁育区和科研实训区 3 个功能区组成，可以开展种植培训、种苗繁育、技术指导、科研实训和人才培养等方面工作。目前，核心区订单种植药材 7 000 余亩。申报"中国乌拉尔甘草""中国蒙古黄芪""奈曼苦参"等地理标志商标认证和生态原产地保护产品。

2. 主要问题

（1）种植结构侧重玉米，有待优化　以玉米为例，当前奈曼旗玉米采用连作方式，种植低效，保收能力低；在具备灌溉条件的地区以大水漫灌为主，施用化肥量大、有效利用率低，导致单位成本高以及水资源浪费。

（2）经营主体创新能力弱、经营规模小而分散　奈曼主要以散户经营为主，发展西瓜、红干椒、万寿菊、药材、甘薯等高效特色种植业资金短缺，抗风险能力低。分散的经营者多注重具体利益，新产品开发能力不强，缺乏思考长远利益；农民素质不高、容易盲目跟风种植，信息化的意识不强，缺少创新经营的意识，这从根本上限制了农民增收。

（3）水资源制约显著，农业抗御自然灾害（洪旱灾害）特别是抗旱能力很弱；多数地区长期以来广种薄收　奈曼旗水浇田近 200 万亩，都集中在中东北部平原区，其余皆为雨养农业；南部山区塘坝、梯田、低水高调等工程建设程度不能满足种植所需。

（4）农技服务人才短缺，农牧业科技含量较低　现有农业科技、农机服务机构、农牧业技术服务、农产品市场流通、农牧业质量监测、农牧业信息网络、农产品储存基础设施等体系等不足以支撑当前发展结构调整的技术需求。中药材种植与农作物相比，从选种、播种、田间管理到收获，技术要求较高，现阶段中药材专业技术人才远不能满足种植户的需求。

（二）目标与任务

1. 目标

走出一条具有奈曼特色的"生产高效、产品安全、资源节约、环境友好"的现代农牧业发展之路。抓绿色主题，抓绿色品牌创树，构建农牧结合、种养循环、粮草兼顾、产加融合的新型农业结构。通过调减玉米，增加高效节水作物，调整奈曼旗种植结构，规划期末期，地膜回收率100%；整个规划期实行用水、施肥总量控制；亩均用水量年平均下降3%~7%；亩均施肥量年平均下降1%~3%。控制氮肥年施用量不超7.5万t；磷肥年施用量不超3万t；钾肥年施用量不超0.6万t；适当因地制宜增加有机肥施肥量，将规划期内的有机肥总量控制在350万~400万t左右。预计2020年种植业产值约17.46亿元，2025年种植业产值约24.02亿元，2030年种植业产值约34.50亿元（表7-1）。

表7-1 种植业分阶段规划目标

项 目	单位	2016年	2020年	2025年	2030年
玉米	万亩	238	200	185	170
谷子	万亩	50	40	35	30
水稻	万亩	5	5	5	5
甘薯	万亩	5	7	7	7
荞麦	万亩	5	6	7	5
红干椒	万亩	10	12	10	8
甜菜	万亩	4	7	6	6
葵花	万亩	11	10	8	6
沙地西瓜	万亩	8	8	5	4
蔬菜	万亩	8	10	10	10
药材	万亩	8	15	21	32
青贮玉米	万亩	30	20	25	27
化肥总施用量	万t	11	10	9	8
农机化综合水平	%	74*	80	85	95
三品一标认证率	%	—	18	40	60
节水灌溉率	%	74	80	90	100
秸秆综合利用率	%		85	92	100

注：本表格是种植建议发展面积，一般来说，发展面积大于标准化种植基地规模。

* 农机化综合水平为2015年数据。

2. 重点任务

——招商引资。通过引进生产管理企业和公司，采取"政府引导+企业带动+农户种植+产品回收"模式，完善"公司+基地+合作社""公司+农场（农户）"等模式，发挥龙头带动作用，建立起风险共担、利益共享的合作机制，推动重点产业稳定发展。公司与种植户签订种植订单合同，充分发挥龙头企业带动作用，实行市场最低保护价收购农产品，保护农民利益。

——政策扶持。充实正在组建的奈曼旗产业发展工作领导小组，下设服务站，具体负责本地农产品生产服务工作。积极整合农、林、水、科技等部门项目资金，在产业发展、科技研发方面集中投入；在土地流转、财政补贴、信贷融资上提供优惠政策。加快奈曼旗种植加工研发工作站组建，鼓励农户成立行业协会，推进服务能力建设，加强与政府部门的沟通合作，及时传递政策动态，搭建交流协作和行业管理平台。

——科技支撑。加强与科研院所和龙头企业的合作，在土壤使用类型、品种选育、专用肥使用、病虫害防治、栽培技术、精深产品开发等技术措施上取得突破性进展，推动种植业升级改造。建立健全旗、乡两级农业技术服务网络体系，提供技术示范和技术培训，提高科学种植水平。

（三）建设内容、规模与布局

1. 粮食作物

（1）籽粒玉米，主要围绕节水与增效进行建设

建设规模：在规划期内，逐渐减少籽粒玉米在奈曼旗的播种面积，调减到170万亩，约占奈曼旗农作物总播种面积的54%～58%。在通辽市奈曼旗玉米节水高产高效创建基地建设项目、奈曼旗高效节水灌溉工程建设项目等基础上，分阶段建设奈曼旗籽粒玉米种植基地，实施玉米—大豆—杂粮杂豆的科学轮作。2020年籽粒玉米种植200万亩；2030年籽粒玉米种植170万亩。预计2020年籽粒玉米总产值约8.66亿元，2025年籽粒玉米总产值约11亿元，2030年玉米总产值约13.6亿元。

布局：籽粒玉米基地布局在奈曼旗各个苏木乡镇的嘎查村。根据本规划关于生态敏感区的测算，重点对2020年、2025年和2030年的籽粒玉米布局进行阶段性布局规划，具体见图7-1至图7-4。

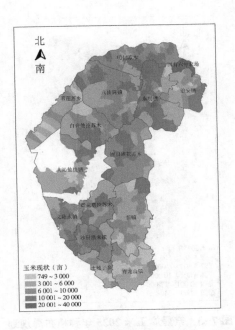

图 7-1 奈曼旗玉米现状

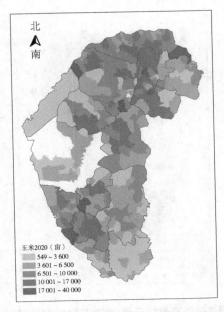

图 7-2 奈曼旗玉米 2020 年种植布局规划

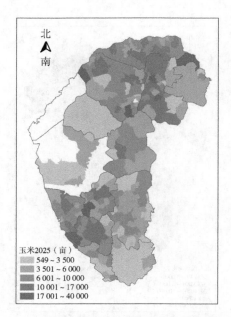

图 7-3　奈曼旗玉米 2025 年种植布局规划

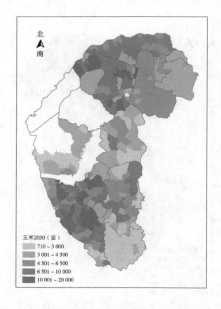

图 7-4　奈曼旗玉米 2030 年种植布局规划

建设内容（表7-2）：①籽粒玉米重点基地建设内容：在农机购置补贴政策、专项补贴资金规模上，向粮食主产区以及发展条件优异的粮食专业合作社倾斜，鼓励扩大土地流转，推广科技含量较高、大型复式作业机械，逐步加大重大技术推广支持力度。充分发挥农机大户、农机合作社应用新技术的先导作用，合理施肥并注意科学安排和组织轮作、休耕等土地休养生息的耕作制度，避免同一片耕地上长期连作玉米。打造一批具有深加工、创绿色有机品牌能力的优质玉米示范专业合作社。同时引进企业，在玉米重点基地试点发展秸秆回收产业链，探索玉米秸秆肥料化、饲料化、基料化、燃料化和原料化利用，实现秸秆综合利用。②籽粒玉米发展基地建设内容：在土地流转推广较好的、生产条件较优的乡镇村庄，实现生产过程全机械化、大型拖拉机及配套复式作业机具全覆盖，推广玉米联合收获机、玉米免耕播种机和收获机、节水灌溉机械等，合理安排轮作制度，鼓励施用有机肥或与化肥合理配比施用、科学化肥施用量，改变依赖化肥、以化肥投入量换产量的粗放方式。从技术上降低生产成本，增强玉米抗旱能力，着力解决奈曼旗玉米种植不保收、收效低的问题。

表7-2　玉米种植（含青贮玉米）基地建设内容及拟引进企业数

建设内容	2020年规模（亩）	2030年规模（亩）	拟引进企业数（个）
籽粒玉米基地	200万	170万	7

（2）谷子，主要围绕质优进行建设

建设规模：在规划期内，稳定谷子播种面积在30万~40万亩，约占奈曼旗农作物总播种面积的9%~11%。分阶段建设奈曼旗优质谷子种植基地，2020年谷子种植基地40万亩；2030年谷子种植基地30万亩。预计2020年谷子总产值约19 000万元，2025年谷子总产值约28 000万元，2030年谷子总产值约45 000万元。

布局：南部山区的新镇、青龙山、沙日浩来、土城子等苏木乡镇。

建设内容（表7-3）：①在基地内分批建设示范田、高产攻关田和有机肥试验田，推广包括春秋蓄墒，化控间苗，推广优种，配方施肥，地膜覆盖，适期播种，合理密植，喷施叶面肥，物理杀虫等高效绿色谷子种植质效提升技术，发展绿色（有机）优质奈曼谷子。②鼓励10亩以下的农户土地流转或土地入社，培育专业合作社和引进加工龙头企业，对规模较大、品牌突出，能安排劳动力就业和增加农民收入，促进经济循环发展的加工企业，给予政策及资金扶持，发展"企业+基地（农户）+市场"的经营模式。

表7-3　谷子种植基地建设内容及拟引进企业数

建设内容	2020年规模（亩）	2030年规模（亩）	拟引进企业数（个）
谷子种植基地	300 000	300 000	
谷子高产攻关田	50 000	0	3
谷子有机肥试验田	50 000	0	
合计	400 000	300 000	3

（3）水稻，主要围绕节水进行建设

建设规模：在规划期内，控制水稻播种面积在5万亩之内，并且必须采用先进的节水技术，100%回收地膜。水稻面积约占奈曼旗农作物总播种面积的1.3%左右。2020年建成沙漠水稻示范田1.5万亩、碱地水稻示范田1.5万亩；2030年建成沙地水稻示范田2.5万亩、碱地水稻示范田2.5万亩。预计2020年水稻总产值约2 700万元，2025年水稻总产值约4 000万元，2030年总水稻产值可达到6 500万元。

布局：白音他拉、八仙筒镇、苇莲苏等苏木乡镇。

建设内容（表7-4）：①分阶段建设沙地水稻示范田2.5万亩，碱地水稻示范田2.5万亩。在适宜种植并有一定基础的区域推广沙地育秧技术、井水增温技术、激光沙地精平机、衬膜节水等绿色有机种植技术。②在内蒙古老哈河粮油工业有限公司的粮油加工项目的基础上，可再引进企业2个，发挥企业和专业合作社的带动作用，对水稻进行标准化生产，全绿色生态化生产。

表7-4　水稻种植基地建设内容及拟引进企业数

建设内容	2020年规模（亩）	2030年规模（亩）	拟引进企业数（个）
沙漠水稻示范田	15 000	25 000	1
碱地水稻示范田	15 000	25 000	1
合计	30 000	50 000	2

（4）甘薯，主要围绕科技进行建设

建设规模：在规划期内，发展甘薯播种面积到 7 万亩左右，约占奈曼旗农作物总播种面积的 1.5%~2%。在通辽市奈曼旗南部旱作农田区有机质提升项目、奈曼旗南部山区薯类产业化联合体建设项目的基础上，分阶段建设奈曼旗甘薯种植基地，2020 年建成甘薯种植基地 5 万亩；2030 年建成甘薯种植基地 7 万亩。预计 2020 年甘薯总产值约 3 000 万元，2025 年甘薯总产值约 4 300 万元，2030 年甘薯总产值可达到 7 000 万元。

布局：青龙山镇、土城子乡等乡镇苏木。

建设内容（表 7-5）：①依托青龙山甘薯科技产业园，加强良种繁育基地基础设施建设，提高供种能力，提升本土育种企业的科技创新能力。重点建设奈曼甘薯良种研发基地以及青龙山原种扩繁基地，打造全国知名的奈曼甘薯、青龙山甘薯等优质甘薯良种繁育基地。②依托甘薯博士工作站，与区内外科研院校保持良好的合作关系，发挥"农科教""产学研"等各种科技经济联合体的作用，鼓励科技人才积极创新创业；加强国际国内科技合作，大力实施引进创新战略，着力引进发达地区的项目、资金与技术，不断推动奈曼旗甘薯产业持续发展。

表 7-5　甘薯种植基地建设内容及拟引进企业数

建设内容	2020 年规模（亩）	2030 年规模（亩）	拟引进企业数（个）
甘薯良种繁育基地	1 950	3 950	2
甘薯示范田	48 000	66 000	—
奈曼甘薯科技支撑体系（含实验田）	50	50	2
合计	50 000	70 000	4

（5）荞麦，鼓励发展节水作物荞麦

建设规模：在规划期内，荞麦发展到 5 万~7 万亩之间，约占奈曼旗农作物总播种面积的 1.5%~2%。在特色种植业标准化基地、荞麦深加工产业化基地等项目的基础上，分阶段建设奈曼旗优质荞麦种植基地，2020 年建成荞麦基地 3 万亩；2030 年建成荞麦种植基地 5 万亩。预计 2020 年荞麦总产值约 1 700 万元，2025 年荞麦总产值约 2 500 万元，2030 年荞麦总产值可达到 4 000 万元。

布局：南部山区新镇、土城子、黄花塔拉、义隆永等苏木乡镇。

建设内容（表7-6）：①基础设施建设重点在农户种植荞麦的积极性高、杂粮适生、土壤条件好，能够实施适度规模、连片轮作种植和具有发展潜力的地方，实施基本农田的综合整治与改良，提高荞麦综合生产能力。②杂粮机械化建设，以基地建设为依托，加强荞麦的通用机械、专用机械的推广应用，提高农机装备和机械化生产水平。推动奈曼的杂粮（荞麦）农业机械研发，重点突破各种杂粮采收机多功能机械，进一步提升起垄施肥一体机等农机性能，着力解决奈曼杂粮杂豆机械配套问题。③采取秸秆过腹还田、转化利用还田、增施有机肥和微量元素肥培肥地力，提高荞麦田的土壤有机质，预计将有效实现增产5%～10%。④建设杂粮信息体系。依托中国科学院北京分院、天津农学院、内蒙古农牧业科学院等内蒙古区内外的科研平台，建立奈曼旗杂粮生产地理信息平台，推广品种选育、花期授粉、中耕除草、浇水施肥等过程的智能化控制，完善农户合作社信息系统，加强专家咨询、气象服务、劳动力资源调度、质量检测、自动化收购等信息应用，探索农田物联网感应技术，利用信息技术改造和提升奈曼传统荞麦等杂粮杂豆的生产。

表7-6 荞麦种植基地建设内容及拟引进企业数

建设内容	2020年规模（亩）	2030年规模（亩）	拟引进企业数（个）
荞麦种植示范基地	30 000	50 000	1
杂粮信息体系构建工程	—	—	1
合计	30 000	50 000	2

2. 经济作物

（1）红干椒，主要围绕特色进行建设

建设规模：在规划期内，发展红干椒播种规模在8万～12万亩，占奈曼旗农作物总播种面积的2.5%～3.5%左右。在特色种植业标准化基地、红干椒种植深加工产业化基地项目的基础上，分阶段建设奈曼旗红干椒种植基地，2020年建成红干椒种植基地6万亩；2030年建成红干椒种植基地8万亩。预计2020年红干椒总产值约7 800万元，2025年红干椒总产值约 11 400 万元，2030 年红干椒总产值可达到 18 400 万元。

布局：八仙筒镇等苏木乡镇。

建设内容（表 7-7）：①品种改良。奈曼旗地处北温带地区，大陆性季风气候特征明显，四季分明，应充分发挥光、热、水资源丰富的气候区位优势以及内蒙红干椒的品牌优势，进一步加快区域品种绿色改良速度。②培肥地力。综合运用土壤改良管理技术，增施有机肥，改进施肥方法，改善土壤结构；通过发芽期、幼苗期、开花期的水肥标准化管控，增加产量、提高品质和种植效益。③实施丰产栽培技术示范。推广应用良种壮苗，推广规范化、标准化、专业化栽培技术，加强土壤管理，强化施肥，完善抚育措施；加强常见虫害的监测、预报和防治。④建设年产 3 万 t 红干椒加工厂及 13 万亩种植基地。新建培育辣椒苗所需的育苗温室、新建冷库 1 000 m²；配置冷冻设备、耕作设备、采摘设备及相应的喷灌、滴灌设备。⑤加快推广轻便化农业机械，实现农艺农机有效结合，提高农业生产效率；推进高标准农膜使用和残膜回收，到 2025 年高标准农膜使用率达到 100%，废旧农膜回收利用率达到 85% 以上。

表 7-7　红干椒种植基地建设内容及拟引进企业数

建设内容	2020 年规模（亩）	2030 年规模（亩）	拟引进企业数（个）
红干椒种植示范基地	60 000	80 000	1
红干椒农膜回收工程	—	—	1
合计	60 000	80 000	2

（2）甜菜，主要围绕绿色进行建设

建设规模：在规划期内，稳定优质甜菜播种面积在 6 万~7 万亩，约占奈曼旗农作物总播种面积的 2.5%~3.5%，并全部实现节水滴灌，地膜回收。在凌云海糖业白糖生产线及甜菜种植基地建设项目的基础上，分阶段建设奈曼旗甜菜种植基地，2020 年建成甜菜种植基地 4 万亩；2030 年建成甜菜种植基地 6 万亩。预计 2020 年甜菜总产值约 3 100 万元，2025 年甜菜总产值约 4 700 万元，2030 年甜菜总产值约达 7 800 万元。

布局：义隆永、八仙筒、明仁等苏木乡镇。

建设内容（表 7-8）：①建设节水高产高效生态甜菜田，配合谷子、玉米、大豆的种植基地，合理的科学轮作，严格按照生态条件、地形地貌、土壤类型和高效优质甜菜质量需求结合管理。②完善收储体系标准化管理。达到"五随（随挖、随拾、随削、随堆、随运）、五净（挖净、拾净、削净、装净、运净）、防止暴晒、霜冻及变质"的基本要求。③配合新土地政策，激励散户进行土地流转，以此进一步壮大特色甜菜产业，提升奈曼甜菜产业的产业化、集约化水平。

表 7-8　甜菜种植基地建设内容及拟引进企业数

建设内容	2020 年规模（亩）	2030 年规模（亩）	拟引进企业数（个）
甜菜种植示范基地	40 000	60 000	3
甜菜产业化信息 网络建设工程	—	—	2
合计	40 000	60 000	5

（3）葵花，主要围绕节水节肥示范进行建设

建设规模：在规划期内，稳定葵花播种面积在 6 万~10 万亩之间，约占奈曼旗农作物总播种面积的 2%~3%。在通辽市奈曼旗特色种植业标准化基地建设项目的基础上，分阶段建设奈曼旗葵花种植基地，2020 年建成葵花种植基地 3 万亩；2030 年建成葵花种植基地 6 万亩。预计 2020 年葵花总产值约 3 500 万元，2025 年葵花总产值约 4 900 万元，2030 年葵花总产值约达到 7 800 万元。

布局：东明、明仁、治安、义隆永等苏木乡镇。

建设内容（表 7-9）：①标准化节肥节水示范田建设。以优质高产标准化生产基地建设为载体，集中资源优势，建立完善的基地灌溉、收储加工房等生产基础设施，大力推广良种、良法，全力打造规模优势、质量优势，培育和建设一批上规模、高标准、优质的葵瓜子合作社和专业村。②生产技术体系建设。依托和内蒙古老哈河粮油工业有限公司粮油加工项目，合作建设良种繁育基地，重点推广油葵高效丰产栽培、省力高效节本先进实用技术，完善质量检验标准体系。③绿色植保体系建设。开展主要病虫害绿色防治工作，在东明、治安、明仁、义隆永 4 个主产苏木乡镇建立葵花主要病虫害预警体系，规划期内，生产基地葵花主要病虫害的危害率控制在 3% 以下。

表7-9 葵花种植基地建设内容及拟引进企业数

建设内容	2020年规模（亩）	2030年规模（亩）	拟引进企业数（个）
葵花节肥节水示范田	30 000	60 000	1
葵花生产技术体系建设	—	—	1
葵花绿色植保体系建设			
合计	30 000	60 000	2

（4）沙地西瓜，主要围绕增收进行建设

建设规模：在规划期内，沙地西瓜播种面积控制在4万~8万亩，并且必须采取滴灌等节水集约化经营方式，达到地膜回收率100%，西瓜约占奈曼旗农作物总播种面积的1%~2%。在通辽市奈曼旗特色种植业标准化基地建设项目的基础上，分阶段建设奈曼旗沙地西瓜种植基地，2020年建成沙地西瓜种植基地2万亩；2030年建成绿色沙地西瓜种植基地4万亩。预计2020年沙地西瓜总产值约2 500万元，2025年沙地西瓜总产值约3 700万元，2030年沙地西瓜总产值约达到6 000万元。

布局：东明镇、八仙筒、白音他拉等苏木乡镇。

建设内容（表7-10）：①标准化瓜地建设。通过开展沙壤生态系统改良与优化技术，推动沙化土地复耕重建、地力恢复改造；推广沙地西瓜标准化植栽培等技术；推进"六统一"，即统一品种、统一购药、统一技术、统一标准、统一标识、统一销售，加强瓜地标准化管理。②良种应用和推广。适时适量引进国内外优良品种，做好品种筛选和示范推广，建设特色沙地瓜种质资源保存中心和优质种苗示范基地，提高优质瓜苗推广应用能力。③服务体系建设。制定、完善和推广主栽沙地西瓜的无公害、绿色标准化栽培技术规程，围绕优良品种选育、沃土养根、膜下滴灌、水肥一体化、配方施肥、人工授粉、绿色控害等关键技术，加强服务体系建设，提高科技支撑能力；有计划、有针对性地加强沙地瓜专业技术人才和营销队伍的培养和建设。加强技术培训，加快对新品种、新技术的推广，及时将技术普及到种植户。④沙地覆膜和回收工程。地膜有集雨、保墒、增温、防冻、防杂草、促进早熟的功效，必须严格把推进高标准农膜使用和残膜回收作为重要生产配套工程。到2025年高标准农膜使用率达到

100%，废旧农膜回收利用率达到85%以上。

表 7-10   沙地西瓜种植基地建设内容及拟引进企业数

建设内容	2020 年规模（亩）	2030 年规模（亩）	拟引进企业数（个）
沙地西瓜种植示范基地	19 990	39 980	1
沙地西瓜良种示范基地	10	20	1
沙地西瓜技术服务体系建设	—	—	1
沙地西瓜农膜回收工程	—	—	
合计	20 000	40 000	3

（5）蔬菜，主要围绕本地消费进行建设

建设规模：在规划期内，蔬菜播种面积在 10 万亩左右，地膜回收率达 100%。蔬菜总面积约占奈曼旗农作物总播种面积的 2.5%。在通辽市奈曼旗设施农业标准化基地建设项目的基础上（该项目规划到 2020 年，在南部山区发展 2 万亩精品设施农业，其中，温室蔬菜 1 000 亩，春秋大棚蔬菜 1.8 万亩），分阶段建设蔬菜种植基地，2020 年建成蔬菜种植基地 5 万亩；2030 年稳定蔬菜（食用菌）种植基地 10 万亩。预计 2020 年蔬菜产值约 1.27 亿元，2025 年蔬菜产值约 1.9 亿元，2030 年蔬菜产值可达到 3 亿元。

布局：大镇、沙日浩来镇、白音他拉、青龙山等苏木乡镇。

建设内容（表 7-11）：①建设标准化蔬菜露地田 5 万亩、设施蔬菜（食用菌）棚 5 万亩。配套水、电、路、渠等基础设施；升级蔬菜生产棚室，增加隔热高温性能设施，完善防虫网等；保证沟渠畅通，以便在冬季雨雪以后能及时排除积水。②集约化育苗。建设标准化育苗温室；配套遮阳降温，压紧棚膜，采取多层覆盖，做好防寒保温，适时通风换气、配套温室智能控制系统、育苗床架、基质装盘、播种、催芽等设施设备；推广穴盘集约化育苗技术，加强低温预警，提前统一部署防寒措施，提高蔬菜育苗安全性和标准化水平。③标准化技术集成应用。加强生物多样性种植、水肥一体化、病虫害绿色防控等技术集成推广，规范栽培技术，配置农药残留快速检测设备，实现蔬菜无害化生产。

表 7-11　蔬菜种植基地建设内容及拟引进企业数

建设内容	2020 年规模（亩）	2030 年规模（亩）	拟引进企业数（个）
蔬菜标准化种植基地	49 970	99 950	3
集约化育苗基地	30	50	1
合计	50 000	100 000	4

3. 蒙中药材

蒙中药材主要围绕订单进行建设。打造奈曼旗新的经济增长点，拉动地区经济发展；优化蒙中药种植结构，挖掘药食同源的文化资源，推进种植业结构调整；依托蒙中药产业扩大本地就业，为农民增收创造一个突破途径。

建设规模：在规划期内，发展蒙中药材播种面积到 32 万亩，约占奈曼旗农作物总播种面积的 8% 左右。在通辽市奈曼旗特色种植业标准化基地建设项目、北疆蒙中药产业基地项目等项目的基础上，分阶段建设奈曼旗蒙中药材种植基地，2020 年建成蒙中药材种植基地 15 万亩，其中高标准示范田 10 万亩；2030 年建成蒙中药材种植基地 32 万亩，其中高标准示范田 20 万亩。预计 2020 年蒙中药材产值约 2.43 亿元，2025 年蒙中药材产值约 3.58 亿元，2030 年蒙中药材产值可达约 5.76 亿元。

建设内容（表 7-12）：

布局：围绕蒙中药材种植重点范围，在奈曼旗各苏木乡镇布局。

——蒙中药种植基地建设

依托内蒙古蒙药材城，建设标准化蒙中药材生产基地、蒙中药材新技术试验与科技示范育苗基地。以苦参、甘草、黄芪、黄芩、赤芍、苍术、草乌等市场需求量大、市场需求稳定、应用范围广泛的药材为主，并辅以蓝盆花、玉簪、土木香、香青兰、黑种草、桔梗、蓝刺头、并头黄芩、多叶棘豆、板蓝根等适合本土种植且适合与前述药材相互轮作的药材，并根据不同药材品种的市场需求变化和种植订单建设种植基地。以标准化蒙药材种植基地为载体，形成一批蒙中药科技农业、名品蒙中药材种植、田园风情生态休闲旅游、蒙医药中医药养生保健服务相结合的养生体验和观赏基地。发展蒙中药材种植基地、药用植物园等特色种植业，实现"文化+农牧业+蒙中医药"的深度融合。

　　——蒙中药材品种资源保护与开发

　　依托内蒙古民族大学蒙医学院等区内外科研院校建立的长期的合作关系，配合旗绿色生态农牧业全产业链实施方案中，蒙中药材标准化种植与种子种苗繁育核心示范区、蒙中药材种子种苗培育扩繁与供应中心，包括连栋日光温室、种苗繁育研发实验室、种子种苗保鲜仓储与繁育药材晾晒场地和仓储库区，积极搭建平台、引进人才，对蒙中药材适宜品种进行多品种对比展示试验，深入探讨其在本地生物学特性、栽培管理特点、有效成分含量等的变化，为推广和规模种植提供科学依据。

　　加强野生道地药材资源保护。开展主要药用植物的遗传基础、种源筛选、新品种选育及良种繁育体系研究，筛选优质种源，选育新品种，繁殖并推广蒙中药材良种，提高中药材的良种化水平和良种覆盖率；对野生药材进行驯化栽培，并积极推进原产地注册，对适合本地种植条件、经济效益高的蒙中药材品种进行试验示范，为规模种植积累经验。

　　——道地蒙中药材生产全程标准化体系建设

　　加强对中药材生产基地的监管，严格控制违禁农药的使用；在适宜的地方推广飞播手段，推进蒙中药材生产基地的建设与原产地认证工作；研究探索新的栽培模式，如"粮药间作模式""林药间作模式""防风固沙栽培种植模式"等，提高种植的经济效益和生态效益。到 2030 年，奈曼旗蒙药材中药材资源保护与监测体系基本建立，资源监测站点和技术信息服务网络覆盖 90%以上，成为旗县级蒙药材中药材产区；蒙药材中药材科技水平明显提升，质量持续提高，濒危野生蒙中药材资源得到有效保护，大宗特色道地蒙药材中药材生产稳步发展。

表 7-12　蒙中药材种植基地建设内容及拟引进企业数

序号	建设内容	2020 年规模（亩）	2030 年规模（亩）	拟引进企业数（个）
1	标准化中药材生产基地	149 000	315 000	7
2	试验与科技示范育苗基地	1 000	5 000	3
3	蒙中药生产标准化体系	—	—	—
4	蒙中药农膜回收工程	—	—	—
	合计	150 000	320 000	10

4. 饲料作物

青贮玉米主要围绕增效进行建设。

建设内容（表7-13）：主要围绕饲料储备进行建设。配套收割机械和拖车、收储加工等装备，基地统一安排绿色植保手段安排杂草防除与病虫害防治、统一规划收获时间和供储计划，在切碎、晾晒、加工、封闭发酵、压紧入窖等环节进行标准化管理，合理控制水分，确保品质。在规划期内，逐渐减少籽粒玉米在奈曼旗的播种面积，建设青贮玉米播种面积20万～30万亩之间，约占奈曼旗农作物总播种面积的6%～9%。分阶段建设奈曼旗青贮玉米基地，2020年建成青贮玉米基地20万亩；2030年建成青贮玉米基地27万亩。预计2020年青贮玉米产值约8 000万元，2025年青贮玉米产值约11 700万元，2030年青贮玉米产值可达到18 900万元。

布局：大沁他拉镇、白音他拉苏木、八仙筒镇、东明镇、治安镇、明仁苏木、固日班花苏木和有条件的国有林场、水库。

表7-13 青贮玉米基地建设内容及拟引进企业数

建设内容	2020年规模（亩）	2030年规模（亩）	拟引进企业数（个）
青贮玉米基地	20万	27万	3

（四）效益分析

种植业全部基地建成后，种植基地2030年产值预计可达约34.5亿元，其中，粮食作物产值预计约19.85亿元，经济作物产值预计约7亿元，蒙中药材产值预计约5.76亿元，饲料作物产值预计约1.89亿元。

到2030年，粮食作物中，籽粒玉米种植基地项目，按每亩产值800元计算，预计年产值可达13.6亿元；谷子基地项目，按谷子每亩产值1 500元计，预计年产值可达4.5亿元；水稻基地项目，按每亩产值1 300元计，预计年产值可达6 500万元；甘薯基地项目，按每亩产值1 000元计，预计年产值可达7 000万元；荞麦种植基地建设项目，按荞麦每亩产值800元计，预计年产值可达4 000万元。

经济作物中，红干椒种植基地建设项目，按红干椒每亩产值2 300元计，预计年产值可达18 400万元。甜菜种植基地建设项目，按甜菜每亩产值1 300元计，预计年产值可达7 800万元。葵花种植基地建设项目，按每亩葵花产值1 300元计，预计年产值可达7 800万元。沙地西瓜种植基地建设项目，按每亩沙地西瓜产值1 500元计，预计年产值可达6 000万元。蔬菜种植基地建设项目，按每亩露地蔬菜产值2 000元、设施蔬菜4 000元计，预计年产值可达30亿元。

蒙中药材基地各个项目规划末期，全部基地建成后，蒙中药种植基地项目按每亩产值1 800元，总面积32万亩计算，预计蒙中药基地种植业收入年产值可达5.76亿元。

饲料作物青贮玉米种植基地，按每亩产值700元计算，预计年产值可达18 900万元。

科技支撑体系建设项目、植保体系建设项目、产地环境监测体系建设项目、农膜回收工程等作为产业配套和提升项目。发展奈曼旗的13种重点农作物，种植业除了经济收益，还有助于形成良性发展的农业生态系统，带来相当的生态效益；通过有针对性的土壤有机质改善计划、农田标准化建设工程、种植技术专业培训等，为乡村地区带来新的资讯，逐渐改变闭塞的状态，使乡村乡貌发生改变，预期还能提供2 000~3 000个新的就业机会，促进奈曼农村的可持续发展。

表7-14　种植业基地项目阶段建设规模

序号	建设内容	2020年规模（亩）	2030年规模（亩）
1	籽粒玉米种植基地	200万	170万
2	谷子种植基地	30万	30万
3	谷子高产攻关田	5万	—
4	谷子有机肥试验田	5万	—
5	沙地水稻示范田	1.5万	2.5万
6	碱地水稻示范田	1.5万	2.5万
7	甘薯良种繁育基地	1 950	3 950
8	甘薯示范田	4.8万	6.6万
9	奈曼甘薯科技支撑体系（含实验田）	50	50
10	荞麦种植示范基地	3万	5万
11	杂粮信息体系构建工程	—	—

（续表）

序号	建设内容	2020 年规模（亩）	2030 年规模（亩）
12	红干椒种植示范基地	6 万	8 万
13	红干椒农膜回收工程	—	—
14	甜菜种植示范基地	4 万	6 万
15	甜菜产业化信息网络建设工程	—	—
16	葵花节肥节水示范田	3 万	6 万
17	葵花生产技术体系建设	—	—
18	葵花绿色植保体系建设	—	—
19	沙地西瓜种植示范基地	19 990	39 980
20	沙地西瓜良种示范基地	10	20
21	沙地西瓜技术服务体系建设	—	—
22	沙地西瓜农膜回收工程	—	—
23	蔬菜标准化种植基地	49 970	99 950
24	集约化育苗基地	30	50
25	标准化中药材生产基地	149 000	3 215 000
26	试验与科技示范育苗基地	1 000	5 000
27	蒙中药生产标准化体系	—	—
28	蒙中药农膜回收工程	—	—
29	青贮玉米基地	20 万	27 万
	合计	306 万	310 万

二、特色牧业

（一）产业发展现状和问题

1. 发展现状

奈曼旗是内蒙古自治区畜牧大旗（表 7-15），是全国生猪调出大县。2014—2016 年生猪存栏稳定在 70 万头以上。2016 年，全旗生猪生产量 146 万头（其中存栏 76.5 万头，出栏 70.1 万头）；家禽生产量 400 万只（存笼 100 万只，出笼 300 万只）；牛出栏 11.5 万头；羊出栏 60.5 万只；奶牛存栏 1 670 头；畜牧业产值 23.5 亿元，占农业总产值比重 47%（表

7-15)。

表 7-15　奈曼旗主要畜种生产情况

指标名称	计量单位	2016 年	2015 年	2014 年
一、畜禽当年存栏（笼数）				
（一）猪存栏	头	765 310	712 320	870 873
（二）牛存栏	头	275 587	258 574	308 287
奶牛栏	头	1 670	1 574	1 464
（三）羊存栏	只	1 300 146	1 220 088	1 430 396
（四）活家禽存笼	万只	100	100	100
其中：肉鸡	万只	20	20	20
蛋鸡	万只	80	80	80
二、畜禽当年出栏（笼数）				
（一）猪出栏	头	706 460	451 603	707 323
（二）牛出栏	头	114 981	161 873	138 693
（三）羊出栏	只	655 470	793 020	898 145
山羊	只	260 713	74 135	452 777
（四）活家禽出笼	万只	300	300	300
其中：活鸡	万只	300	300	300

　　奈曼旗生猪、肉牛、羊、驴和蛋鸡规模化程度较低，绝大多数以散养为主，畜禽粪污治理的压力大。

　　从畜禽养殖业区域布局情况来看（图 7-5，图 7-6），大沁他拉镇和八仙筒镇两镇养殖量占比较大，其次为东明镇、治安镇、固日班花苏木、新镇等镇，土城子、义隆永、青龙山、六号农场养殖量最低。

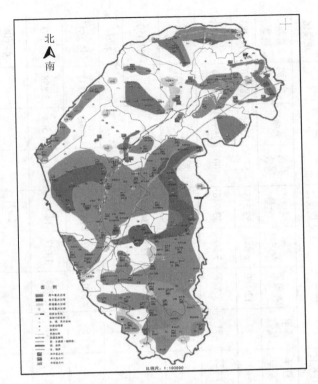

图 7-5　奈曼旗养殖业重点区域分布

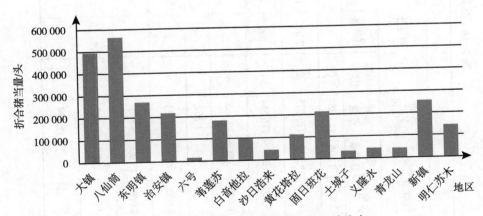

图 7-6　奈曼旗总养殖量折合猪当量乡镇分布

表7-16 奈曼旗2016年各乡镇主要畜牧业养殖情况

（单位：头/只）

养殖场统计 乡镇	猪 规模场 养殖场数	猪 规模场 养殖量	猪 规模场 实际存栏量	猪 含非规模化总养殖量	奶牛 规模场 养殖场数	奶牛 规模场 养殖量	奶牛 规模场 实际存栏量	奶牛 含非规模化总养殖量	肉牛 规模场 养殖场数	肉牛 规模场 养殖量	肉牛 规模场 实际存栏量	肉牛 含非规模化总养殖量	肉羊 规模场 养殖场数	肉羊 规模场 养殖量	肉羊 规模场 实际存栏量	肉羊 含非规模化总养殖量
大镇	11	2 850	2 596	145 868			0	40	47	12 160	6 844	52 355	57	23 360	18 940	174 483
八仙筒	9	23 500	6 738	226 925	2	2 000	1 120	1 628	31	5 627	3 506	39 746	100	26 609	19 409	147 703
东明镇	1	700	268	146 584	1	500	463	43	17	1 553	1 046	16 238	85	22 023	18 337	58 471
治安镇	2	1 000	300	19 968					1	200	120	34 877				32 450
六号				1 352					1	3 000	1 200	1 876				3 677
苇莲苏	1	1 000	450	12 611					6	570	370	28 505	10	4 600	3 832	28 863
白音他拉	2	2 000	1 190	3 817				2	13	1 784	1 037	14 854	21	4 508	3 858	18 762
沙日浩来	1	600	200	5 457								2 971				44 608
黄花塔拉				12 174					12	1 065	795	13 869	89	20 860	16 400	70855

（续表）

养殖场统计 乡镇	猪 养殖场数	猪 规模场养殖量	猪 实际存栏量	猪 含非规模化总养殖量	奶牛 养殖场数	奶牛 规模场养殖量	奶牛 实际存栏量	奶牛 含非规模化总养殖量	肉牛 养殖场数	肉牛 规模场养殖量	肉牛 实际存栏量	肉牛 含非规模化总养殖量	肉羊 养殖场数	肉羊 规模场养殖量	肉羊 实际存栏量	肉羊 含非规模化总养殖量
固日班花	9	2 510	1 984	7 535					37	9 128	5 678	3 4055	36	16 330	10 685	78 482
土城子				18 162								161	5	3 450	2 380	25 991
义隆永				9 987					2	200	161	1 614	8	3 100	2 505	52 779
青龙山	4	550	340	9 812					3	300	200	546	14	4 410	3 882	54 661
新镇				132 583	1	1 000						14 322	1	600	510	123 145
明仁苏木	1	300	53	12 475			529	529	3	188	49	16 936	100	24 254	18 496	79 380
总量	41	35 010	14 119	765 310	4	3 500	2 112	2 662	173	35 775	21 006	272 925	526	154 104	119 234	994 310

（续表）

养殖场统计 乡镇	绒山羊 规模场 养殖场数	养殖量	实际存栏量	含非规模化 总养殖量	蛋鸡 规模场 养殖场数	养殖量	实际存栏量	含非规模化 总养殖量	肉鸡 规模场 养殖场数	养殖量	实际存栏量	含非规模化 总养殖量
大镇	11	3 000	2 437	39 739	15	94 000	87 100	480 000	5	48 400	46 500	46 500
八仙筒	49	11 999	7 255	177 390	5	55 000	42 700	400 000				
东明镇				14 909				360 000				
治安镇	1	500	300	10 890	2			280 000	1	2 500	2 000	2 000
六号3	810	451	1 347				70 000					
苇莲苏				29 829				170 000				
白音他拉	27	5 554	3 956	11 559	2	40 000	32 000	320 000				
沙日浩来				2 294				250 000				
黄花塔拉	2	300	209	4 902	1	2 300	2 000	150 000				

（续表）

养殖场统计 乡镇	绒山羊				蛋鸡				肉鸡			
	规模场			含非规模化	规模场			含非规模化	规模场			含非规模化
	养殖场数	养殖量	实际存栏量	总养殖量	养殖场数	养殖量	实际存栏量	总养殖量	养殖场数	养殖量	实际存栏量	总养殖量
固日班花				1 632				250 000	2	22 000		
土城子				2 386	1	10 000	6 500	150 000				
义隆永	1	300	263	948	3	13 000	10 500	250 000				
青龙山				3 041				290 000			20 000	20 000
新镇				2 577				260 000				
明仁苏木				12 393	3	40 000	40 000	320 000				
总量	94	22 463	14 871	305 836	30	254 300	220 800	4 000 000	8	72 900	68 500	68 500

2. 存在的问题

（1）畜禽养殖业规模有待提升　奈曼旗地处我国北方半农半牧区，粮食产量高，草原面积大，具有发展畜牧业的良好基础。奈曼旗拥有草原面积520万亩，2015年粮食总产量77万t，其中玉米67万t，按生产猪肉计算，本地玉米产量可以支持年出栏250万头生猪生产，目前生猪养殖量76万头，具有较大的提升空间。

（2）畜禽粪污处理设施配套不足　2016年，全旗现有规模化畜禽养殖场902家，其中，生猪规模养殖场41户，存栏1.41万头，所有养殖场均无基本粪污处理设备设施，设施设备综合配套率38%；蛋禽、肉禽规模养殖场38家，存笼28.93万只，规模蛋、肉鸡养殖场无基本粪污处理设施设备，设施设备综合配套率41%；肉牛规模养殖场173家，存栏21 006头，所有养殖场无基本粪污处理设备设施，设施设备综合配套率23%；奶牛规模养殖场4家，存栏2 112头，设施设备配套80%，设施设备综合配套率100%；羊规模养殖场620家，存栏134 105只，所有养殖场无粪污处理设备设施，设施设备综合配套率17%；其他畜禽类养殖场26家，所有养殖场无粪污处理设备设施，设施设备综合配套率35%。

奈曼旗畜禽粪污资源化利用整县推进项目完成之后，畜禽粪污治理设施将得到完善。

（3）部分乡镇畜禽粪污产生量超过了当地种植业消纳能力

——畜禽粪污承载力分析说明和分析结果使用方法

区域畜禽粪污承载力是确定区域畜禽养殖规模上限的依据，需要说明的区域畜禽粪污承载力不是一个固定值，会随着科技进步粪污处理方式的变化、后续产品的利用方式的变化发生变化。目前测算一个地区畜禽粪污承载量的一个基本方法是：假定畜禽粪污全部被还田利用，把种植业能够消纳的畜禽粪污的量作为区域畜禽粪污承载量的上限，并以此作为确定区域畜禽养殖规模的依据，这个测算结果是个基准值，畜禽粪污就近还田利用也是畜禽粪污处理成本最低的方式，向外埠大量运输畜禽粪污产品不现实。

目前，畜禽粪污处理主流方式主要有两种：一种是通过沼气工程厌氧发酵减量，沼渣沼液还田，这种利用方式需要配套足够数量的耕地，否则沼渣和沼液都将造成污染。另一种处理方式是通过发酵做成商品化有机肥销售。此外，畜禽粪污经过处理后还可以作为饲料和燃料使用，畜禽粪污不通过还田方式进行利用的养殖场的养殖量可以不计算在畜禽粪污承载力内。另外，一些养殖场通过将畜禽粪污变成有机肥外运到其他区域销售，也可以不计入本地区畜禽养殖的承载量。

如果一个区域畜禽粪污承载量接近或超过了当地养殖业消纳规模的上限，新设养殖场需要通过将畜禽粪污作为饲料或燃料，或者做成有机肥外运等方式来处理畜禽粪污，避免超过当地承载力上限。

——各乡镇土地（氮和磷）承载力指数测算

按照区域内所有畜禽粪污中可利用氮（磷）总量与区域内作物可接受的粪肥氮（磷）量进行比较，测算土地承载力。计算公式如下：

$$N = \frac{NM_k}{A_n}$$

式中：N——土地承载力指数；NM_k——所有畜禽粪污中可利用氮（磷）总量，t/年；A_n——作物可接受的粪肥氮（磷）量，t/年。

由计算结果可知，全旗各乡镇，以氮为基准和以磷为基准时，土地消纳畜禽粪污除六号农场、沙日浩来、土城子、义隆永、青龙山外其他乡镇超载，其中东明镇、固日班花、新镇和明仁苏木四地氮磷量因种植类型不同略高于土地承载力，而大镇、八仙筒镇、治安镇、白音塔拉、黄花塔拉等镇土地承载力属于易出现环境污染问题，而苇莲苏因种植用地较少，属于严重超承载力乡镇。本计算结果仅作为一个基准值作为决策参考依据，在超载地区新设养殖场需要对畜禽粪污处理做好设计规划，确保畜禽粪污不污染土地（表7-17）。

表7-17　全旗各乡镇土地氮（磷）承载力指数

镇（处）	N	P
大镇	2.06	2.20
八仙筒	1.31	1.60
东明镇	0.70	1.13
治安镇	1.56	1.32
六号	0.57	0.38
苇莲苏	3.46	2.57

（续表）

镇（处）	N	P
白音他拉	1.42	1.74
沙日浩来	0.35	0.60
黄花塔拉	1.02	1.44
固日班花	1.06	0.94
土城子	0.36	0.48
义隆永	0.40	0.52
青龙山	0.34	0.52
新镇	0.99	1.30
明仁苏木	1.19	0.51
合计	1.08	1.16

（二）目标与任务

1. 总体目标

畜牧业是奈曼旗农业的优势主导产业，也是带动奈曼旗农牧民脱贫增收的主要产业。从环境承载力的情况来看，奈曼旗畜牧业具有较大的发展空间，奈曼旗畜牧业发展目标是畜禽存栏总量为600万头猪当量①，畜禽养殖业区域布局与种植业布局相匹配，种养结合型家庭农场1 000家，畜禽规模化养殖比重达到60%以上，规模化畜禽养殖场粪污处理设施配套比重100%，畜禽粪污综合利用率95%，到2020年、2025年和2030年畜牧业增加值分别达到9亿元、15亿元和18亿元。

2. 建设任务

奈曼旗畜禽养殖业仍存在发展空间，也是带动农牧民增收的一条重要

---

① 猪当量指用于衡量畜禽氮（磷）排泄量的度量单位，1头猪为1个猪当量。1个猪当量的氮排泄量为11kg，磷排泄量为1.65kg。按存栏量折算：100头猪相当于15头奶牛、30头肉牛、250只羊、2 500只家禽。生猪、奶牛、肉牛固体粪便中氮素占氮排泄总量的50%，磷素占80%；羊、家禽固体粪便中氮（磷）素占100%。

渠道。发挥区域比较优势大力发展生猪、肉牛肉羊等畜禽规模化养殖；优化畜禽养殖业区域布局，调减环境承载力超载地区畜禽养殖业，在环境承载力强的区域大力发展畜禽养殖业。加强畜禽粪污治理设施建设，提高畜禽粪污综合利用率。

（三）建设内容、规模与布局

1. 优化畜禽养殖业区域布局

根据环境承载力测算结果，各乡镇畜禽养殖业规模调整的情况如下表：大沁他拉镇、八仙筒镇、治安镇、苇莲苏镇、白音塔拉、黄花塔拉、固日班花和明仁苏木需要适度调减养殖规模或增加相应规模的牲畜产生有机肥的外运量，其他乡镇可以适度增加养殖规模，具体调减和调增量参照表 7-18。重点发展的乡镇是东明镇、沙日浩来镇、土城子、义隆永和青龙山镇。

表 7-18 奈曼旗各乡镇畜禽养殖业调整规模

（单位：万头猪当量）

乡镇	现有畜禽养殖当量	调整养殖当量 −表示调减量，+表示调增量
大沁他拉镇	49.5	−25.45
八仙筒	56.4	−13.34
东明镇	26.9	11.52
治安镇	21.8	−7.83
六号	1.5	1.11
苇莲苏	18.0	−12.82
白音他拉	9.9	−2.93
沙日浩来	4.4	8.22
黄花塔拉	11.2	−0.22
固日班花	21.3	−1.20
土城子	3.4	5.96

乡镇	现有畜禽养殖当量	调整养殖当量 −表示调减量，+表示调增量
义隆永	4.4	6.64
青龙山	4.2	8.11
新镇	25.5	0.26
明仁苏木	14.4	−2.29
合计	272.6	−24.26

推进养殖示范镇、专业村、标准化养殖场、规模化家庭生态牧场、养殖重点户建设，建设四个产业带。

（1）生猪产业带 依托河南牧原实业集团有限公司、亿利新中农牧业有限公司和华明农牧业有限公司等良种猪繁育场为龙头，推进种猪繁育、商品猪育肥、生猪屠宰、肉类品加工、仓储物流等一体化经营，引导发展红山草猪等特色品种。到 2020 年猪存栏达到 131.5 万头，年出栏达到 120 万头。

（2）黄牛产业带 积极融入通辽市打造"中国草原肉牛之都"规划，以固日班花苏木、大沁他拉镇、白音他拉苏木及东明镇和治安镇南部为重点，推广规模化、标准化、工厂化养殖模式，加快由传统养殖向现代养殖转型，积极引进大型生产加工企业，繁育肉乳兼用型品种，打造饲养、屠宰、加工、销售一体化的产业链。到 2020 年，培育基础母牛超万头以上的苏木乡镇 6 个，超千头以上嘎查村 60 个、养殖场 5 个，超百头养殖场 25 个、合作社 15 个，超十头养殖户 4 500 户。年冷配黄牛 11 万头，良种覆盖率达到 80% 以上，存栏达到 43 万头，年出栏肉牛 13 万头。

（3）肉羊产业带 根据市场行情，在稳定肉羊养殖数量的基础上，以内蒙古赛诺草原有限公司为龙头，利用小尾寒羊的繁殖成活率高等优势，重点发展杜泊羊、道赛特等优质肉用种公羊进行杂交改良，以提高其肉用品质和繁殖率，引进屠宰加工企业，打造"科尔沁肉羊"品牌，到 2020 年肉羊良种覆盖率达到 60% 以上，存栏达到 143 万只，出栏 85 万只。

（4）肉驴产业带 以黄花塔拉苏木、白音他拉苏木、新镇、青龙山镇、土城子乡为重点，依托内蒙古草原御驴科技牧业有限公司和太平庄养驴合作社，全面抓好产前的种驴改良，产后的育肥销售，充分挖掘、保护、开发驴的营养价值、药用价值和保健功能，深度开发驴奶、驴奶粉、驴血等下游产业，打造繁育、加工、销售全产业链。到 2020 年存栏达到 10 万头，年出栏 3 万头。

2. 加强畜禽粪污治理设施建设

畜禽粪污治理设施建设主要有两部分建设内容，一是完善现有畜禽养殖场粪污处理设施，二是对于未来新增养殖场，按照环保设施建设"三同时"的要求，要求养殖企业同步建设完成畜禽粪污治理设施。

对于现有养殖场，按照畜禽粪污整县推进项目的统一安排，在 2020 年之前完成对奈曼旗 902 家各类型畜禽规模化养殖场畜禽粪污治理设施建设。45 家养殖场建设污水贮存池 14 764 m^3，902 家养殖场建设储粪场 31 549 m^3；45 家养殖场改造雨污分离设施 5 866m；38 家养殖场改造自动清粪刮粪板 97 套；购置吸粪车 9 台。新建粪便收集中转站 10 个，新建种植收集利用处理中心 6 个，新建（改建）大型粪污集中收运处理基地 6 个。形成以"全域化收集、生态化处理、肥料化利用"为目标的畜禽粪污资源化利用体系。

对于新建大型畜禽规模化畜禽养殖场要对畜禽粪污治理方式和模式进行科学论证，鉴于本地畜禽养殖规模已经超过了本地种植业消纳规模，新设养殖场可以采取生产商品有机肥外运，畜禽粪污处理废弃物作为燃料或饲料的非还田方式对畜禽粪污进行处理。对于利用草场或者沙漠消纳畜禽粪污在技术方面要进行严格论证，确保不成为新的污染源。

3. 培育新型农业合作组织

深入实施种养结合型农业经营主体培育工程，加大对种养结合型新型经营主体的政策倾斜、财政支持和信贷支持力度，鼓励畜禽养殖主体向种植业拓展，扶持一批一二三产业融合，适度规模经营多样的新型经营主体，培育一批种养结合型家庭农场、示范合作社和示范农业产业化联合体。推动新型经营主体与种植户建立紧密型利益联结机制，促进种植业和养殖业协调发展。

三、经济林果业

（一）现状与问题

1. 经济林业发展现状

奈曼旗为南部丘陵，中部坨甸，北部平原的 3 个不同类型区，在林木资源和树种分布上也不相同，除杨、柳、榆等广泛分布外，多数特殊品种主要分布在南部丘陵山区地带，树木种类较平原沙丘地带丰富，树种分布特点是由南向北趋于减少：南部丘陵山区的经济树种有杏树、山楂、沙果、梨树等；中部坨甸地区在沙丘上多分布灌木林，有锦鸡儿、沙枣、山竹子、白城杨等耐干旱树种；中部北部平原区除河湾地带分布一些灌柳外，其他地带主要是杨、柳树。受季风气候影响，奈曼旗夏秋少雨、冬春干旱，"十年九旱"的特征对农业生产造成了严重的影响，发展经济效益和生态效益兼顾的果树经济林，对改善农业基本生产条件和生态环境意义重大。

奈曼旗有 8 个国有林场、1 个国有苗圃。奈曼旗林业用地 560.34 万亩，占奈曼旗总土地面积的 45.91%，其中有林地 268.2 万亩，灌木林地 101.79 万亩，疏林地 12.43 万亩，未成林造林地 21.55 万亩，苗圃地 0.35 万亩，宜林地 64.9 万亩。2017 年底，奈曼旗发展经济林 28 万亩，其中进入初盛果期的有 7 万亩（盛果期 2.1 万亩），产量 2.18 万 t，产值 0.52 亿元。品种有扁杏、山杏、沙果、K9、123、梨、葡萄、沙棘、扁桃、李子、葡萄、文冠果、塞外红等。目前，主要存在问题如下。

2. 存在问题

（1）果树经济林的质量不高，生产力水平较低　群众重栽轻管的现象比较普遍、专业技术人才少、相关配套服务水平比较落后。奈曼旗属北温带大陆性半干旱季风气候区，土壤以栗钙土、风沙土为主，水肥条件较差，林地生产力低；现有宜林地主要分布于宜林沙荒地，自然环境和水利条件较差，宜林地实施造林难度较大。本底环境造成奈曼旗林业生态系统稳定性差，生态状况脆弱。

（2）林地利用结构问题，用材林占比太高　目前奈曼的经济林业以生产木材产品的用材林面积占 97.98%，以生产其他林产品的经济林面积占比低，尚未能带动农牧民的经济收入、激发农牧民积极性。奈曼旗经济林建设主要争取"三北"防护林工程最多每亩 500 元补贴，群众自筹投入的积极性目前不是很高，补贴资金对于经济林建设的实际需要缺口很大。随着工业化、城镇化快速发展，奈曼旗各项建设对土地的需求将不断增加、国家对耕地保护力度的加大，大部分项目用地将征占林地；禁止自发性的毁林开垦、控制林地转为其他农用地的管理形势严峻。

（3）发展林果经济的品牌效应没有形成　受客观环境和果树技术与劳动密集的制约，奈曼的果园机械化管理程度尚待提高，生产能力有待加强。经济林果产业的营销市场不成熟、加工企业缺位、储藏设施不足；同时，林果业职业化技术服务队伍建设等也需加强。综合而言，奈曼优质果品原产地和区域特色"蒙果"品牌缺乏技术支撑以及一系列的管理保障措施。

（二）目标与任务

1. 目标

通过对经济林产品种植基地、收储集散地、冷藏设施等项目建设，引进培育大型果品储藏加工企业，新建果品果汁生产线，实现对果品进行就地深加工，发展壮大"蒙沙"蒙古野果品牌，扩大奈曼扁杏、珍珠油杏，以及沙棘、枸杞等的宣传力度。预计 2020 年经济林果业产值约 1.59 亿元，2025 年经济林果业产值约 3.02 亿元，2030 年经济林果业产值可达到 5.14 亿元。发展具体目标见表 7-19。

表 7-19　经济林果业分阶段规划目标

项　目	单位	2016 年	2020 年	2025 年	2030 年
两杏、长柄扁桃	万亩	—	62	66	72
沙果	万亩	—	4	6	8
塞外红	万亩	—	2	4	8
沙棘	万亩	—	2	5	6
枸杞	万亩	—	2	5	6
合计	万亩	—	72	86	100

2. 重点任务

一是林果树栽培技术的机械化、自动化建设。提高果园管理水平，提高升果园机械化和自动化的管理水平，提高产量、优化果品质量。通过专项项目，带动农户参与，与农企业合作，加速成果转化。完善奈曼旗的果树栽培技术水平，加强果树日常管理，向果园规模化、仪表化和管理自动化迈进。

二是加强林果试验区和科学实验室建设。积极拓展资源育种、栽培技术研究的思路，增强科技创新能力。针对奈曼的生态特征和水土基础条件，发展生态功能与经济功能兼备的林果品种。力争经济林良种使用率达到100%，科技贡献率达到60%以上，有机、绿色、无公害产品种植面积比率达75%以上。

三是建立和完善人才培养机制，进一步优化人才结构。采取多方式、多渠道宣传推广现代果树栽培技术，开展科技下乡，为果农提供技术示范和技术服务，为经济林果业发展提供支撑；定期为果农提供果树栽培专业技能培训和外地学习机会，对奈曼旗果树栽培技术和劳动力结构进行优化。

四是实施奈曼果品的品牌工程。将政府部门已经出台的有关产品质量、技术创新、新产品开发、节能环保、高新技术等政策聚焦到品牌发展上来，形成配套政策体系，增强对品牌发展的政策支持。

（三）建设内容、规模与布局

1. 经济林基地建设

建设规模：2020年，发展经济林面积72万亩，其中两杏、长柄扁桃62万亩，沙果4万亩，塞外红2万亩，沙棘、枸杞等其他经济林4万亩。2030年，分阶段发展两杏、长柄扁桃72万亩，沙果8万亩，塞外红6万亩，沙棘、枸杞等其他经济林12万亩。

建设内容：建立标准化种植基地，引进企业，逐步制定较完善的沙果、油杏、扁杏、扁桃、沙棘、枸杞等适生林果栽培质量等级标准，开展果树原产地、环境管理标志和奈曼经济林果绿色食品标志认证工作，完善产品质量跟踪服务体系，不断提升奈曼旗经济林果发展的标准化水平、推进产业标准化建设。

布局：经济林基地布局在南部山区包括青龙山镇、土城子乡、沙日浩来镇南部以及新镇中南部、中北部沙区。在加强山沙两区水源配套建设的基础上，建设两杏、长柄扁桃等栽植示范带面积 62 万亩；在新镇、黄花他拉、大沁他拉、白音他拉、苇莲苏、八仙筒、明仁、东明、固日班花、治安等苏木乡镇及六号农场部分地区风沙土地，重点建设以沙果为主的经济林示范区 4 万亩；在奈曼旗各地配套基础设施齐全、土地平整、土壤肥沃的地区，建设以塞外红苹果为主打品种的北方寒地优良小水果栽培示范基地 2 万亩；在大镇、东明、苇莲苏、白音他拉、八仙筒等北部沙化地区种植沙棘、枸杞等其他经济林 4 万亩。

2. 种质资源圃与种苗生产基地

建设规模：重点支持规模在 100 亩以上的专业经济林育苗圃 5 个，优质苗木基地总面积 1 200 亩，年提供优质合格苗木 700 万株以上，实现奈曼旗经济林建设的用苗基本实现自给。

建设内容：以国有林场圃为龙头，以个体专业苗圃、特色苗圃、林木种苗合作社为依托，以基地为载体，引进 1~2 个企业或培育起 1~2 个专业合作社，加速建立珍珠油杏等经济林果的技术推广服务体系、技术监督体系、科教培训体系，贯穿果树新品种选育与引进、资源收集与利用、果树栽培、果树组织培养，到病毒检测和脱病毒苗木繁育等方面的工作。

布局：在八仙筒、新镇、沙日浩来、青龙山、土城子等苏木乡镇选择发展基础好的地块建设。

3. 高标准示范园建设

建设规模：2020 年建成高标准两杏、扁桃园 1 万亩，沙果示范园 4 000 亩，塞外红标准示范园 1 000 亩，沙棘示范园 1 000 亩，枸杞示范园 1 000 亩。2025 年建成高标准两杏、扁桃园 2 万亩，沙果示范园 6 000 亩，塞外红标准示范园 1 500 亩，沙棘示范园 1 500 亩、枸杞示范园 2 000 亩。2030 年建成高标准两杏、扁桃园 3 万亩，沙果示范园 8 000 亩，塞外红标准示范园 3 000 亩，沙棘示范园 2 000 亩、枸杞示范园 2 000 亩。

建设内容：引进企业，建设高标准示范果园。从种子播种、幼苗嫁接、喷洒农药，到修剪枝叶等多个阶段，做好种苗供应，充分挖掘国有苗圃潜力，支持专业大户参与良种苗木生产和采穗圃建设；普及机械化管理，依托标准化企业，配备技术人员和果品元素测定化验室，选育核实饱满、营养元素指标突出的优良品种，实施果品品质提升工程，推广示范特优果，确保质量稳步提高。随着社会的进步和经济的发展，经济林基地发展要优先并且及时做出"品质优先"战略的重大调整。

布局：在各苏木乡镇场选择从业者积极性高，有能力投入，具备一定技术力量，种植面积在 10 亩以上的经济林种植地块建设高标准经济林示范园。

4. 品牌提升建设

建设规模：在发展条件具备的高标准示范园附近选址，2020 年建设展览厅 1 个，2030 年建设优质果品展览厅 2~3 个。

建设内容：通过定期举办奈曼优质果树栽培与新品观摩活动。依托基地的标准化果园选址建设 1 个占地约 300m²（0.5 亩左右）的展览厅，积极主办或承办扁杏新品种品评及现代栽培技术现场观摩会，积极推广运用新技术、新品种。一方面，为展、销制作营养果汁、杏仁露、杏仁乳饮料、水果罐头、果脯、果仁酱等产品提供平台，另一方面，通过举办培训会、交流会，为果农学习掌握新的栽培模式和相关的配套技术提供机会，提高果农管理水平、提升果农适应市场的能力，成为现代农民。利用"互联网+"，举办节庆活动，以特色果品基地为载体，发挥龙头效应。尽快成立奈曼特色果品协会，注册特色果品商标，在通辽、北京、广东、上海等地设立销售网点，将市场打开，销往国内大城市甚至国外。

（四）效益分析

经济林果业基地各个项目 2030 年产值预测约可达 17.84 亿元。2030 年基地建成后，两杏、长柄扁桃按每亩产值 1 700 元计算，预计年产值可达 12.24 亿元；沙果基地项目，按每亩产值 1 700 元计，预计年产值可达 1.36 亿元；塞外红种植基地项目，按每亩产值 1 700 元计，预计年产值可达 1.36 亿元；沙棘、枸杞基地项目，按每亩产值 1 700 元计，预计年产值可达 1.02 亿元；苗圃基地按每亩 2 300 元计，预计年产值可达 276 万元。两杏、长柄扁桃、沙果、塞外红、沙棘和枸杞高标准示范园按每亩产值 1 800 元计算，预计年产值可达 8 100 万元。发展经济林果业除了经济收益，还有巨大的生态效益，同时，通过果园的土壤改造、标准化建设、技术培训等，可带来乡村乡貌的改变，提供 1 000~1 500 个新的就业机会（表 7-20）。

表 7-20　特色果树经济林业基地建设内容及建设规模

序号	建设内容	规模（亩）
1	两杏、长柄扁桃基地	700 000
2	沙果基地	80 000
3	塞外红基地	60 000
4	沙棘基地	50 000
5	枸杞基地	50 000
6	种植资源圃与种苗生产基地	1 200
7	两杏、长柄扁桃示范园	30 000
8	沙果示范园	8 000
9	塞外红示范园	3 000
10	沙棘示范园	2 000
11	枸杞示范园	2 000
12	经济林果品质提升建设	—
	合计	1 046 200

四、农产品加工业

（一）现状与问题

1. 农业产业基础雄厚

奈曼旗在农业产业发展方面，要发挥地域优势和特色，大力发展粮食、杂粮杂豆、蒙中药材、西瓜、经济林、荞麦、黄牛、肉羊、肉驴、生猪等产业，为实现农畜产品加工业向高端化、生态化和标准化发展提供了良好的产业基础。

2016 年，全旗农作物播种面积 390 万亩，玉米面积 238 万亩，约占全旗农作物播种面积的 61%；经济作物中，谷子 50 万亩，杂粮杂豆 20 万亩，甘薯 5 万亩，西瓜 10 万亩，水稻 5 万亩，红干椒 10 万亩，万寿菊 2 万亩，蔬菜 8 万亩，葵花 11 万亩，中药材 8 万亩。

2. 农产品加工业发展滞后

奈曼旗农产品加工企业仅有 9 家（表 7-21），企业总资产规模 5.64 亿元，其中，固定资产 3.03 亿元，加工产品以水稻和牛肉为主，深加工企业少，带动农户仅有 1.7 万户。农产品加工业与当地农业丰富的农产品资源不匹配。农产品加工业产值与农业产值比重为 0.2∶1 远低于全国 2.2∶1 的全国平均水平，大部分农产品以原材料的形式对外输出，产业增值少，对当地农民增收的带动能力弱。

（二）目标与任务

奈曼旗根据产业发展优势重点发展玉米、杂粮、中药材、肉类、糖料和蔬菜加工流通业，2020 年和 2025 年分别达到 26 亿元和 32 亿元，到 2030 年农产品加工业产值达到 38 亿元，农产品加工业与农业产值比重达到目前全国平均水平的 1/4，把奈曼旗建设成为东北地区蒙中药材生产、加工、流通和科技创新中心，中国杂粮杂豆功能食品生产基地、特色草食畜生产基地。

（三）建设内容、规模与布局

1. 特色粮油加工产业园

在奈曼旗大沁他拉镇的奈曼旗工业园区建设特色粮油加工产业园，重点发展玉米、谷子、荞麦等杂粮杂豆加工及功能食品生产、年加工能力达到 30 万 t，年产值 20 亿元。

2. 蒙中药生产加工产业园区

在奈曼旗大沁他拉镇的奈曼旗工业园区建设蒙中药生产加工产业园区，园区建成后可容纳切片、饮片等初加工蒙中药材生产销售企业 20 家左右，培育产值超亿元企业 2~3 家，打造北疆中蒙药产业基地，年产值达到 8 亿元。

表 7-21　奈曼旗主要农产品加工企业

序号	企业名称	企业人数	总资产（万元）	固定资产（万元）	总产值（万元）	利润总额（万元）	加工量（t）	产品名称	产量（t）	带动农户（户）	地点
1	内蒙古老哈河粮油工业有限责任公司	130	13 305	6 820	14 504	1 049	29 659	大米、小米	3 420	5 000	大沁他拉镇
2	内蒙古旺牛食品有限公司	138	13 256	5 733	11 000	937	6 989	牛肉干、酱菜	6 400	2 601	大沁他拉镇
3	通辽金荞谷物有限公司	96	7 152	2 310	6 010	406	38 000	玉米		160	大沁他拉镇
4	通辽市铁骑王饮品制造有限公司	415	7 955	6 159	6 389	2 187	8 000	饮料		1 500	白音他拉
5	内蒙古蒙古包食品有限公司	80	4 852	3 560	9 550	500	1 400	牛肉干、咸菜干	590	920	大沁他拉镇
6	通辽金荣食品有限责任公司	58	2 000	1 500	8 500	100	20万口	猪肉		6 000	大沁他拉镇
7	奈曼旗鑫凯食品有限责任公司	36	2 055	2 015	3 013	313	2 500	鲜椒		212	八仙筒
8	内蒙古白音杭盖食品有限公司	67	2 878	1 393	2 217	324	800	牛肉干、芥菜干	483	450	大沁他拉镇
9	奈曼旗大汗食品有限责任公司	35	2 982	842	2 300	393	500	风干牛肉		1 000	大沁他拉镇
	合计	1 055	56 435	30 332	63 483	6 209				17 843	

规划总用地面积 2 400 亩，总体分为生产加工区、生活服务区、园区管委会、发展预留区和基础设施用地；其中生产加工区占地面积 500 亩、生活服务区占地面积 300 亩、园区管委会占地面积 50 亩、发展预留区占地面积 400 亩、基础设施用地面积 1 150 亩。

3. 特色畜产品产业园

以奈曼旗肉牛、肉羊、生猪和肉驴产业为依托在奈曼旗工业园内建设融肉牛、肉羊屠宰及食品加工为一体的特色畜产品产业园，特色畜产品加工入驻企业达到 20 家，年加工肉类 3 万 t，年产值 7 亿元。

4. 青龙山甘薯产业科技园

青龙山甘薯产业园主要建设农产品深加工研发中心、农业研究所、薯类作物深加工基地、冷链仓储物流中心、有机肥生产基地、规范化种植基地。园区建成后将引入甘薯及以甘薯为原料的加工企业 5 家以上，年产值 3 亿元以上。

第八章　生态视角下的工业发展战略

一、现状与问题

（一）产业现状

奈曼旗现有工业产业以传统产业为主，主导产业为以水泥及熟料为主的建材业、食品加工业。目前，传统产业占规模以上工业增加值的比重达到80%以上。近年来，以特殊钢铁材料为主的新材料产业、以沙资源综合开发利用为主的沙产业和以光伏发电、风力发电以及生物质发电为主的新能源产业发展势头良好，为奈曼旗工业产业转型升级奠定了良好的基础（表8-1，表8-2，图8-1）。

表8-1　奈曼旗2016年规模以上工业企业主要产品产量

产品名称	计量单位	产量	增长率（%）
水泥	t	890 462. 31	26. 6
日用玻璃制品	t	160 623	−11. 1
水泥混凝土电杆	根	281 437	7. 5
服装	万件	95. 1	−15. 8
商品混凝土	m³	225 884	4
人造板	m³	822 539	−5. 9
其中：胶合板	m³	530 865	2. 9
鲜、冷藏肉	t	45 417	−2
冻肉	t	5 361	4. 2
白酒	千L	64 945	−2. 4
砖	万块	3 087	10. 8
大米	t	92 679	11. 8

（续表）

产品名称	计量单位	产量	增长率（%）
精制食用植物油	t	13 681	−13.1
石灰石	t	220 797.78	0
硅酸盐水泥熟料	t	974 773.82	−1.5
其中：窑外分解窑水泥熟料	t	749 858.65	−24.2
变压器	kV	22 524	3.6

表 8-2　奈曼旗工业园区内各类规模以上企业及占比

产业类型	企业（家）	占比（%）
食品加工	内蒙古老哈河粮油工业有限公司，内蒙古旺牛食品有限公司，内蒙古蒙古包食品有限公司，奈曼旗大汗食品有限公司（4 家）	23.5
建材	奈曼旗天兴民族木业有限公司，通辽中联水泥有限公司，奈曼旗宏基水泥有限公司，奈曼旗电力开发总公司水泥制品厂，奈曼旗华明混凝土有限公司，内蒙古华明建材有限公司，通辽市天蓬农牧业科技有限公司水泥漏缝板项目，内蒙古寅兴钢构有限公司，通辽绿野装饰材料有限公司（9 家）	52.9
新能源	晨烁天易新能源开发有限公司	5.9
新材料	内蒙古和谊镍铬复合材料有限公司	5.9
沙产业	内蒙古仁创沙产业有限公司	5.9
化肥	内蒙古腾悦肥料科技有限公司	5.9

（二）存在问题

奈曼旗的工业经济在总体上保持较快发展的同时，仍然存在以下问题：

第一，工业基础较为薄弱，产业结构偏低端，信息化程度不高。奈曼旗二次产业的比重虽然不低，但主要集中在水泥和水泥制品以及食品加工等初加工产业。工业发展十分依赖本地资源，工业门类少，资源密集型和劳动密集型企业居多，技术密集型企业偏少，产业偏低端。用现代信息技术提升改造传统产业的进程较为缓慢。从产业演进角度看，奈曼旗工业发

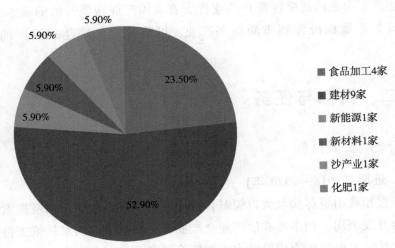

图8-1 奈曼旗工业园区规模以上企业分类

展水平仅相当于工业化初期水平，竞争能力和盈利能力不强，产业提升的空间很大。

第二，主导产业不强，产业链不完整。从实际情况看，奈曼旗目前的主导产业是以水泥和水泥制品为主的建材业，以及农产品加工产业，新能源和新材料产业刚刚起步，目前还无法取代前者。但无论是水泥产业还是食品加工业，总体上都规模不大，企业自主创新能力不强，虽然有一定的产业链延伸，但产业链较短，不完整。特种钢铁等新材料产业的原料产地和销售市场都在区域外，缺少产业链延伸，企业抵御市场风险的能力较弱。

第三，企业规模普遍较小，缺少龙头企业和品牌产品，市场竞争力不强。目前奈曼旗企业规模普遍较小，规模以上企业只有39家；水泥和食品加工等主导产业的产业集中度偏低，市场控制力和盈利能力不强；缺少自治区一级的龙头企业，产品的品牌知名度不高，市场影响力和带动力不足，制约了全旗工业的持续健康发展。

第四，国家鼓励发展的战略性新兴产业发展滞后。例如，新一代信息技术、高端装备制造、生物与新医药、节能环保、新能源、新材料等产业，目前除了光伏发电和风电等产业有一定发展外，奈曼旗在战略性新兴产业方面基本上是一片空白。在国内传统产业产能已普遍饱和的情况下，以上述产业为主的战略性新兴产业代表着我国产业转型升级的基本方向。奈曼旗如不能积极谋划布局新兴产业，可能会错失跨越式发展的大好机会。

二、目标与任务

（一）发展目标

1. 近期（2018—2020 年）

通过招商引资尽快壮大以镍基合金为主的新材料产业；积极探索沙资源综合开发利用，初步形成沙产业全产业链；积极争取国家政策支持，发展以光伏、风电和生物质发电为主的新能源产业；面向未来，积极引进和培育以大数据产业为核心的现代信息产业，建设区域性大数据中心和云服务平台，提升企业生产经营和政府管理服务的智能化水平。到 2020 年，奈曼旗工业增加值达到 20 亿元。

2. 中期（2021—2025 年）

新材料产业形成较为完整的特钢产业链；沙产业初步形成集"保护、科技、产业、旅游、保健、文化"于一体的沙产业全产业链；以光伏和风力发电为主的新能源产业高速成长，主导产业地位初步确立；依托大数据中心和云服务平台，初步形成以数据资源、数据产品和应用服务为主的大数据产业链，重点推动大数据在市政服务、交通、医疗健康、教育和旅游等领域的应用。到 2025 年奈曼旗工业增加值达到 40 亿元。

3. 远期（2026—2030 年）

新材料产业方面，把奈曼旗打造成为东北地区不锈钢全产业链新材料基地；沙产业通过进一步延伸和完善产业链，主导产业地位更加巩固；新能源产业形成覆盖全旗的完整的光伏和风力发电产业布局；大数据产业向人工智能及相关产业大力拓展，形成具有区域性竞争优势的完整产业链。到 2030 年，形成新材料、新能源和沙产业三大主导产业和大数据产业一个重点产业。奈曼旗工业增加值达到 80 亿元。

（二）发展任务

1. 大力发展新材料产业，打造以镍基合金为主的新材料全产业链

严格执行国家产业政策、环保政策，依托区位优势、资源优势及产业基础，通过招商引资，承接京津冀钢铁工业产业转移，建设较为完整的特殊钢材产业链。积极推进内蒙古（奈曼）经安有色金属材料有限公司120 万 t 镍铁合金、60 万 t 硅锰合金及 40 万 t 高碳铬铁合金和 200 万 t 炼钢项目建设，引进培育不锈钢和普碳钢制品加工企业，加快镍基合金新材料就地转化加工，以有色金属加工、新材料及不锈钢深加工、装备制造、循环经济产业为重点，积极推进产业链的上下游延伸，建立起具备较强自主创新能力和可持续发展能力、产学研用紧密结合的镍基合金新材料全产业链。积极发展高品质镍基合金等先进结构材料，配套实施铁路专用线、引调水工程等工程，加快建设技术含量较高、附加值较高的内蒙古（奈曼）新材料循环经济产业园区，打造东北地区最大的镍基合金新材料加工基地。

2. 积极开展沙资源保护和综合开发利用，打造有特色的沙产业链

依托奈曼旗丰富的硅砂资源，加强生态保护和治理，科学规划、保护性发展硅砂产品研发生产、生态种养殖、光伏发电和沙漠旅游等可持续治沙产业，进一步造链、补链、延链、强链，实现控沙、治沙、用沙、玩沙相结合，生态、社会、经济"三效"统一，打造集"保护、科技、产业、旅游、保健、文化"于一体产值超百亿元的沙产业全产业链。以中联水泥和宏基水泥为主体，整合水泥生产及上下游产业，淘汰高能耗高污染的落后产能，提高水泥建材业的产业集中度。通过延伸产业链和新产品开发，大力发展水泥预制件和新型建材生产，打造完整的水泥建材产业链；通过技术创新和产业升级，提高产品质量；通过市场营销，提高品牌知名度；通过技术改造，提高节能环保水平，通过发展余热发电等项目，提高资源能源综合利用，发展循环经济，减少环境污染。以华鑫公司为龙头，打造新型保温隔热材料和新型装饰装修产业集群。大力发展新型墙体、新型防水密封、新型保温隔热、新型装饰装修等复合型、节能型建材，开发钢结构、幕墙材料、轻体保温墙板、粉煤灰烧结砖、承重砌砖、小型空心砌砖等新型建材产品，促进资源节约和环境保护。加大硅砂、石灰石、镍渣等资源综合开发利用，以仁创、中联、宏基等企业为重点，提高企业自主创新和技术改造能力，积极发展覆膜砂、孚盛砂、石油压裂砂、透气防渗砂、砂基路缘石等新型材料产品，推动新材料产业创新发展，建设奈曼旗沙地生态治理特色科技产业化基地。大力发展新型建材产品，注重节能和清洁生产，巩固建材产业基础地位。

3. 充分利用政策扶持，谋划发展新能源产业

光伏发电、风力发电等新能源产业虽然目前受制于较高的成本和国家补贴政策的变化，但从长期看，随着技术的进步，生产成本将逐步降低，其清洁环保的特点将使得这一产业有着广阔的发展前景。奈曼旗幅员辽阔，光照和风能充足，全旗荒沙面积高达 800 万亩，全旗各地年平均日照时数达 2 941～2 952h，总辐射量一般为 122. 71～126. 35kcal/cm²，与全国各地比较，仅少于拉萨、玉门和北京，年平均风速为 3. 32m/s，有效风速时数在 4 800h，有效风能功率密度为 70w/m²，具备发展光伏和风力发电等新能源产业的良好条件。目前应积极争取国家产业扶贫政策，引进外部投资，把奈曼旗建设成为内蒙古东北地区百万千瓦风电基地，逐步形成以大镇周边为轴心，辐射各乡镇的光伏发电项目布局。

4. 面向未来，积极培育和引进以大数据产业为核心的现代信息产业

建设区域性大数据中心和云服务平台，带动数据资源、数据产品和应用服务等产业的发展；推动大数据与实体经济融合，在传统建材、新材料、沙产业和新能源四个主导产业，开展工业大数据应用试点示范；推动大数据在政府管理、公共服务等领域的深度应用，提高政府管理服务的智能化水平；以大数据为基础，向人工智能技术和相关产业逐步拓展，最终形成具有区域性竞争优势的完整大数据产业链。

三、发展战略、产业选择与布局

（一）发展战略

对工业行业主导产业的培育和打造，应分阶段分步骤进行。

1. 第一阶段（2018—2020 年）

（1）新材料产业　通过招商引资，延伸特钢产业链。积极推进内蒙古（奈曼）经安有色金属材料有限公司 120 万 t 镍铁合金、60 万 t 硅锰合金及 40 万 t 高碳铬铁合金和 200 万 t 炼钢项目建设，引进培育不锈钢和普碳钢制品加工企业，加快镍基合金新材料就地转化加工。

（2）沙产业　以中联水泥和宏基水泥为主体，整合水泥生产及上下游产业，组建 2 个建材集团，初步形成纵向一体化的生产格局，加快水泥产业的信息化建设，通过技术改造和产品升级，提高产品质量和品牌知名度。以华鑫公司为龙头，通过技术进步和产业延伸，带动同类企业和上下游企业的发展，推动新型保温隔热材料和新型装饰装修产业向规模化、集群化方向发展。以仁创、中联、宏基等企业为重点，提高企业自主创新和技术改造能力，积极发展覆膜砂、孚盛砂、石油压裂砂、透气防渗砂、砂基路缘石等新型材料产品，推动新材料产业创新发展，建设奈曼旗沙地生态治理特色科技产业化基地。

（3）新能源产业　初步形成光伏和风电基本布局。加快舍金 1#2#3#4#风电场、北保国吐 1#2#风电场、哈日塘 1#2#风电场等风电项目建设；加快山东奥格瑞节能有限公司、奈曼旗汇特光伏发电有限责任公司、深能北方（通辽）能源开发有限公司、振发新能源科技有限公司等公司的光伏发电项目。

（4）现代信息产业　引进 2~3 家行业知名度较高的大数据企业，建设区域性大数据中心和云服务平台，培育和带动当地大数据产业的发展。

2. 第二阶段（2021—2025 年）

（1）新材料产业　初步形成较为完整的特钢产业链。以有色金属加工、新材料及不锈钢深加工、装备制造、循环经济产业为重点，积极推进产业链的高端及上下游延伸，建立起具备较强自主创新能力和可持续发展能力、产学研用紧密结合的镍基合金新材料全产业链。

（2）沙产业　初步形成沙产业综合开发利用体系。通过研发水泥预制件及其他建材产品，进一步延伸产业链，提高水泥产品的附加值，增强建材产业的市场控制能力和盈利能力；加大硅砂、石灰石、镍渣等资源综合开发利用力度，通过技术研发，大力开发节能环保型建材和装饰材料，提高工业废渣杂的利用能力，大力发展循环经济。统筹规划沙地种植、沙基新材料生产、沙地生态治理、光伏发电、风力发电和沙漠旅游等沙资源开发利用项目，初步形成科学合理和可持续的沙资源综合开发利用格局。

通过与大型沙产业企业的合作，以仁创砂产业、建设为重点，加大硅砂资源综合开发利用，提高企业自主创新和技术改造能力，积极发展覆膜砂、孚盛砂等产品，规划打造一个集"砂科技、砂产业、砂文化、砂旅游"于一体的砂产业集群，力争在六大领域（覆膜砂、孚盛砂、生态透水砖、墙体内外挂板、生态透气防渗砂和砂艺术品）实现产业化，打造百亿元沙产业集群。

（3）新能源产业　预计2020年前后，光伏发电和风力发电成本持续下降，基本接近煤电成本，大规模开发利用光伏发电和风电的时机已经成熟。应充分利用奈曼旗光照和风能充足的优势，大规模发展光伏发电和风力发电，以满足新材料产业快速发展对电力需求的需求。

（4）现代信息产业　推动大数据技术与传统建材、新材料、沙产业和新能源等产业深度结合，利用大数据创新研发设计模式、优化生产流程、提高产销管理能力，全面提升奈曼旗主导产业智能化水平；推动大数据在政府管理、公共服务等领域的深度应用，提高政府管理服务的智能化水平，建设"数字奈曼""智慧奈曼"。

3. 第三阶段（2026—2030年）

（1）新材料产业　通过技术进步和产业链延伸，重点发展以镍基合金为主要原料产品深加工产业以及相关的装备制造业，积极发展高品质特殊钢、镍基合金等先进结构材料，打造"冶炼—热轧—酸洗—冷轧—制品"全产业链新材料基地，建成东北地区不锈钢全产业链新材料基地和循环经济示范园区，成为具有国际竞争力的特钢生产基地。

（2）沙产业　通过新产品研发和市场开发，进一步拓展沙产业的发展空间。大力发展低资源消耗、低污染、高附加值的沙基高端产品，不断提高品牌知名度和市场竞争力；统筹规划，推动沙地种植、沙基产品生产、沙地生态建设、光伏发电、风力发电和沙漠旅游融合发展，做强富有沙漠风情和区域特色的休闲观光产业，保持沙产业的区域性优势产业地位。

（3）新能源产业　进一步做大做强以光伏发电和风力发电为主的新能源产业。据国家发展和改革委员会能源研究所预测，2020年，风电将达到3.07亿kW，太阳能发电达到1.74亿kW，而到2035年，风电和太阳能发电均将突破15亿kW。据清华大学能源互联网创新研究院发布的

《2035年全民光伏发展研究报告》预测，到2035年，风电和光伏发电将成为中国装机规模最大的发电类型，分布式发电成为光伏发电的主力。由此可见，2026年到2030年将是风电和太阳能发电实现跨越式发展的时期。奈曼旗应抓住这一大好时机，大力发展新能源产业，把新能源产业打造成为奈曼旗最具竞争力的主导产业。

（4）现代信息产业 未来5～10年，人工智能技术可能会有颠覆性突破，将极大提升和改变现有的生产模式。奈曼旗现代信息产业应抓住这一历史机遇，提前布局，以大数据产业为基础，向人工智能及相关产业逐步拓展，形成具有区域竞争优势的、较为完整的现代信息产业链。

当前应采取的措施：

一是围绕产业发展规划，依托资源禀赋优势和区位优势，大力开展招商引资，积极承接京津冀地区和长春、沈阳等地产业转移出来的符合奈曼旗产业发展方向的项目，把大资金、大企业、大项目作为招商引资的重中之重。

二是加快工业园区配套基础设施建设，统筹解决重点项目的用电、用水和污水处理问题。加快推进牤牛河引水、辽西北调水两项工程，同时，加快推进工业园区自来水管网建设，保障企业用水需求；加快推进奈曼500kV和220kV变电站项目建设工作；联合国内知名专家、专业院所和以青岛青力环保设备有限公司为代表的相关企业联盟攻关，全力推进镍基合金生产过程产生废渣再利用的研发。

三是充分利用自治区和通辽市对全区重点大项目的支持政策，协调沈阳铁路局、锦州港、国家电网等部门，利用其优势资源为项目实施创造有利条件，同时鼓励社会资本积极参与，并举全旗之力，为镍基合金新材料全产业链项目建设提供要素支撑和服务保障。

四是积极引进沙产业、新材料产业和现代信息产业等产业发展所需的科技人才和研发机构，坚持引资与引智、引技并举，实现由引进资金向引进全要素转变。

（二）产业选择及布局

根据《奈曼旗国家重点生态功能区产业准入负面清单》要求，水泥制造业禁止新扩建，现有项目生产工艺和设备水平、清洁生产水平限期于

2019 年 12 月 31 日前提升至国内先进水平。现有 2 000t/日以下熟料新型干法水泥生产线和 60 万 t/年以下水泥粉磨站于 2019 年 12 月 31 日前关停；石灰和石膏制造业新建项目仅限布局在奈曼旗工业园区，生产规模必须达到国家和自治区行业准入要求，工艺和设备、清洁生产水平必须达到国内先进水平，现有项目生产工艺和设备水平、清洁生产水平限期于 2019 年 12 月 31 日前提升至国内先进水平；风力发电项目规模控制在国家和自治区要求范围内，新建单机机组目规模不小于 1.5MW，新建项目仅限布局在规划区范围内，并对项目区进行生态恢复；光伏太阳能发电项目规模控制在国家和自治区要求范围内，新建项目仅限布局在规划区范围内，并对项目区进行生态恢复。因此，奈曼旗主导产业选择及布局必须符合上述要求，除风力发电和光伏发电产业外，其他主导产业应尽可能布局于工业园区内，对污染物排放进行统一管控处理，以减少对生态环境的破坏。

（1）新材料产业　重点发展镍基合金产业。目前，龙头企业内蒙古和谊新型镍铬复合材料项目和内蒙古（奈曼）经安有色金属材料有限公司镍硅锰合金项目布局于大沁他拉工业园区，可以在该园区设立内蒙古（奈曼）新材料循环经济产业园，积极发展高品质特殊钢、镍基合金等先进结构材料，打造"冶炼—热轧—酸洗—冷轧—制品"全产业链新材料基地。大沁他拉工业园区应为新材料产业发展规划处重组的发展空间。

（2）沙产业　目前，中联水泥和宏基水泥均集中于大沁他拉工业园区，该园区基础设施和污染处理设施比较完备，故水泥产业集中到大沁他拉工业园区为宜。考虑到水泥产业整合及产业链延伸，建议在该园区用地规划中，通过土地置换适当增加水泥产业用地，建设水泥建材产业园。新型保温隔热材料和新型装饰装修产业中，华鑫公司等主要企业均集中于大沁他拉工业园，建议在大沁他拉工业园集中规划布局，建设新型保温隔热材料和新型装饰装修产业产业园。以仁创砂产业园、亿粒沙硅砂产业园为龙头，加大硅砂资源综合开发利用，提高企业自主创新和技术改造能力，积极发展覆膜砂、孚盛砂等产品，力争在覆膜砂、孚盛砂、生态透水砖、墙体内外挂板、生态透气防渗砂和砂艺术品六大领域实现产业化，构建硅砂资源综合利用产业链，打造集"砂科技、砂产业、砂文化、砂旅游"于一体的百亿元沙产业集群。目前沙产业集中于白音他拉工业园区，该园区靠近沙资源所在地。考虑到沙产业属于资源高度依赖型产业，因此沙产业应布局于白音他拉工业园区及周边地区。

（3）新能源　重点发展光伏发电及风力发电产业。该产业主要利用荒废闲置土地，从奈曼旗实际出发，主要利用沙漠荒地发展新能源产业较为适宜，光伏发电和风力发电可以因地制宜分散布局。就目前而言，光伏发电建议以大沁他拉镇周边为轴心展开布局，逐步辐射各乡镇。风力发电场建议优先布局于中部沙漠地区。

（4）现代信息产业　重点发展大数据产业。大数据产业是智力密集型产业，需要引进、培养和集聚大量的中高端人才。这就要靠便利的交通条件、完善的基础设施和优质高效的社会服务等创业环境来洗净和聚集人才。建议在大沁他拉镇建设 1 个互联网经济集聚区，利用特殊的优惠政策培育和引进大数据、云平台、物联网、移动互联网等领域内的高科技人才。

四、主要工业污染排放及环境承载力预测

奈曼旗工业新材料产业、沙产业和新能源产业这三大规划主导产业中，污染物排放的重点产业是水泥产业和特钢产业。

（一）水泥产业污染物排放测算

水泥工业对大气所产生影响的主要污染源物是二氧化碳（CO_2）和氮氧化物（NOx）。据计算，2010 年，中国生产水泥 18.68 亿 t，排放氮氧化物约 200 万 t（每生产 1t 水泥熟料，大约排放 0.511t CO_2，排放 0.001t NOx）。

根据《奈曼旗国家重点生态功能区产业准入负面清单》，水泥产业属于限制类产业，禁止新扩建。现有项目生产工艺和设备水平、清洁生产水平限期于 2019 年 12 月 31 日前提升至国内先进水平。现有 2 000t/日以下熟料新型干法水泥生产线和 60 万 t/年以下水泥粉磨站于 2019 年 12 月 31 日前关停。据此可以得知水泥产能在未来不会增加。2016 年，奈曼旗规模以上水泥企业产量为 890 462t，按年全部产量 100 万 t 计算，每年大约排放二氧化碳 50 万 t，氮氧化物 1 000t，预计 2020—2030 年，水泥产量稳

定在 100 万 t。随着技术进步和环保设备的升级，未来水泥产业的污染物排放会逐步降低。因此，到 2030 年，奈曼旗水泥产业污染物排放应低于目前水平。

（二）特钢产业污染物排放测算

根据冶金工业规划研究院发布了《中国钢铁工业环境保护白皮书（2005—2015）》计算，2015 年，我国吨钢烟粉尘排放量为 0.81kg 左右，吨钢固废产生量为 585kg，吨钢废水排放量为 0.8m³。

《钢铁工业环境保护统计》显示，在烟粉尘排放上，2015 年重点钢企平均值为 0.81（kg/吨钢，下同），二氧化硫排放的平均值为 0.85。

根据《奈曼旗打造镍基合金新材料全产业链实施方案》，河北省前进钢铁集团、天津市天重江天重工有限公司通过与内蒙古（奈曼）经安有色金属材料公司 140 万 t 钢铁进行产能指标置换，同时，经安公司再购买 60 万 t 钢铁指标，2020 年其炼钢产能达到 200 万 t。如果这 200 万 t 钢铁生产包括从生铁冶炼到炼钢全过程，按照上述污染物排放的平均水平，吨钢粉尘排放量 0.81kg，吨钢固废产生量为 585kg，吨钢废水排放量为 0.8m³，吨钢二氧化硫排放量为 0.85kg，则到 2020 年，奈曼旗钢铁生产每年的粉尘排放量约为 1 620t，固废产生量约为 127 万 t，废水排放量约为 160 万 m³，二氧化硫排放量约为 1 700t。由于钢铁行业总体上产能过剩，未来 10 年产能扩张的可能性不大。假定到 2030 年奈曼旗钢铁产量仍保持在 200 万 t 左右，随着环保技术的进步，污染物排放会进一步降低。可以预计，2030 年奈曼旗特钢产业的污染物排放量均低于 2020 年水平。

（三）大气环境承载力预测

根据第三章计算，2016 年奈曼旗全旗二氧化硫剩余容量为 246 600t，环境承载力相对剩余率为 97%；氮氧化物剩余容量为 126 200t，环境承载力相对剩余率大于 94.4%。目前的实际污染物的排放量远低于大气环境允许排放量，环境承载力相对剩余率较高（平均环境承载力相对剩余率大于 50%）。奈曼旗内常规气体的排放能达到二类大气环境功能区标准。上面分析计算表明，按照目前规划，奈曼旗未来 10~15 年工业发展的大气污染物排放远低于大气环境容许排放量。目前的产业发展规划符合大气污染物排放要求。

五、工业用水预测

奈曼旗属于水资源严重匮乏地区，因此，工业发展必须考虑用水问题。按照国务院《关于实行最严格水资源管理制度的意见》（国发〔2012〕3号）的要求，到2020年万元工业增加值用水量降低到65m³以下；到2030年万元工业增加值用水量降低到40m³以下。以此为标准，并把2025年万元工业增加值用水量定为50m³，由此计算出奈曼旗工业用水的上限（表8-3）。

表8-3 奈曼旗工业用水量预测

	2020年	2025年	2030年
工业增加值（亿元）	20	40	80
万元工业增加值用水量（m³/万元）	65	50	40
工业用水量预测（万m³）	1 300	2 000	3 200

根据第三章测算，如果不考虑中水回用，奈曼旗2020年和2030年的供水量上限分别为4.70亿m³和4.85亿m³，工业用水将分别占到全部供水量的2.77%和6.70%。尽管比例不是很高，但考虑到奈曼旗水资源严重不足的现实以及新材料等产业上马后用水量明显增加的状况，建议采取以下措施确保工业用水：一是大力调减奈曼旗玉米种植面积，积极发展节水农业，减少农业用水量；二是工业中重点发展水资源消耗较低的产业，努力降低万元工业增加值用水量。在规划的4个主导产业中，除了特钢产业外，其余3个产业都属于节水型产业；三是实施辽西北供水、牤牛河引调水工程，以及中水和废水回用工程，以缓解工业用水紧张局面。

第九章 生态视角下的现代服务业 发展战略

一、旅游产业

（一）发展趋势

中国旅游发展的五大趋势：一是强国大战略。中国要在 2040 年建成高度集约型世界旅游强国。二是文旅大融合趋势，2018 年 3 月 17 日，中华人民共和国第十三届全国人民代表大会第一次会议表决通过了关于国务院机构改革方案，批准文化部、国家旅游局合并为文化和旅游部。三是推进中国旅游由高速增长向高质量增长转变，优质旅游成为旅游发展新趋势。四是全域旅游化，以"旅游+"，推动旅游与其他产业的快速融合和大力发展。五是旅游智慧化发展。互联网+、大数据、云计算、物联网、虚拟现实 VR、增强现实 AR、混合现实 MR、人工智能等科学技术已渗透到旅游行业，推动着中国旅游业的创新与发展。

（二）现状与问题

1. 现状

奈曼旗旅游资源景观丰富，历史文化积淀深厚，特别是拥有丰富的民族文化资源和非物质文化遗产。按照《旅游资源分类、调查与评价》中旅游资源的分类系统为分类标准，由奈曼旗旅游资源评分结果，得知规划区有旅游资源基本类型 185 个，其中四级旅游资源 7 处、三级旅游资源 13 处、二级旅游资源 79 处、一级旅游资源 55 处，未获级旅游资源 31 处。目前，有开发基础的旅游景区正在加大建设力度，旅游资源有望高效地转化成为有特色的旅游产品。总体来看，奈曼旅游发展还处于需要大力发展的阶段（图 9-1）。

2011—2016 年，奈曼旗旅游总体收入和游客总量保持了持续稳定的良好发展势头。5 年间，旅游总收入年均增长率达到 17.9%，游客总量年均增长率达 15.8%。旅游产业的高速增长，将有力促进奈曼旗生态建设和环境保护（图 9-2）。

图 9-1　2011—2016 历年旅游总收入及增长率

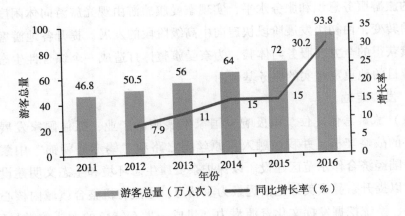

图 9-2　2011—2016 历年游客总量和增长率

2. 存在的问题

旅游基础设施薄弱，产业规模弱小，配套设施滞后，旅游产品体系不完整。具体表现如下。

（1）景区开发层次不高，缺乏龙头 4A 或 5A 大景区来吸引游客，目前最高级别只有 3A 景区。

（2）基础设施有待提升。

（3）奈曼旗旅游营销投入不足，在国内的知名度不高影响力不强。

（三）总体定位和发展目标

1. 发展战略

（1）旅游导向性城镇化战略　通过建设治安镇、八仙筒镇、义隆永镇、青龙山镇四大旅游门户城镇，积极推动奈曼旗城乡一体化，充分发挥旅游业在传承地方文化、塑造地方特色、发展区域经济、调整产业结构、优化城乡形态等方面的能动作用，使旅游业成为推动城镇化进程的重要力量，促成城乡之间实现真正的"基本公共服务均等化"。

（2）产业发展联动化战略　充分发挥旅游产业关联性很强的特点，使旅游产业与农业、林业、交通运输业、生物制药、制造业、商业、教育、医疗、体育、房地产等多产业融合发展，带动和促进奈曼旗实现五大产业链的提质增效和创新升级。

（3）旅游服务全域化战略　加快提升奈曼旗全行业、全区域、全体居民的旅游服务意识和服务水平，实现奈曼旗旅游由观光旅游向休闲度假旅游的转变，由初级发展阶段快速向中高级阶段的发展，提升各地游客在奈曼旗获得的全方面服务与体验，为奈曼旗整体打造成一个综合性生态休闲旅游目的地奠定坚实的服务基础。

2. 发展定位

（1）旅游总体定位　积极响应国家发展旅游产业，抓住国家发展全域旅游的战略契机，并积极融入草原丝绸之路和"锡赤通朝锦"中蒙俄国际海陆经济合作示范区建设。以保护奈曼旗生态环境和生态文明建设为基础，以提升奈曼旗美好生活远景为驱动力，通过有机整合旗域内核心旅游资源、系统挖掘发挥文化资源潜力，建成一批有特色的龙头旅游景区、重大旅游品牌项目和特色精品项目，增强旅游产业核心竞争力，提升区域旅游核心竞争优势。通过发展旅游产业，实现旅游业与农牧业产业、文化产业乃至于工业的多向融合，并充分带动农业旅游、文化旅游、工业旅游、乡村旅游，增加旅游附加值。通过全方位打造目的地的旅游产品体系、都市旅游服务体系、旅游基础设施体系和旅游营销体系，迅速形成旅游目的地品牌，最终将奈曼建设成为集沙漠探险、民族文化旅游、休闲农业、养生度假、草原休闲、乡村旅游、休闲观光等于一体的综合旅游目的地。

（2）旅游形象定位　"沙海明珠·奇美奈曼"

（3）旅游市场定位　国内旅游一级客源市场为内蒙古东部周边市场、环渤海经济圈以及北京市场；二级客源市场主要以长春市、天津市、鞍山市、抚顺市、本溪市、兴安盟、锦州市、营口市、辽阳市、盘锦市、铁岭市、朝阳市、葫芦岛、四平市、白城市、承德市、秦皇岛市；三级客源市场延伸至西北、华中、西南等区域，是奈曼旗旅游机会市场。

境外旅游一级客源市场依托蒙古国、日本、韩国、俄罗斯等；二级客源市场为港澳台地区、东南亚地区、大洋洲等；三级客源市场：澳洲、非洲等机会客源市场。

3. 发展目标

奈曼旗未来全域旅游发展分为三个阶段：

（1）第一阶段（2018—2020 年）　重点突破阶段，进行转型升级，培育产业，梳理体系，建设成为内蒙古自治区全域旅游示范旗县。2020年，年接待游客总量 200 万人次，旅游总收入达到 12 亿元。

（2）第二阶段（2021—2025 年）　全域构建阶段，进行产业提升、铸造品牌、关注质量，建设成为全国全域旅游示范旗县。2025 年，年接待游客量 400 万人次，旅游总收入达到 23 亿元。

（3）第三阶段（2026—2030 年）　品牌升级阶段，进行产业融合、全面提升，持续发展，形成奈曼旅游品牌重塑与提升。通过"产业转型和产业培育、产业提升和品牌塑造、品牌升级和产业竞争优势体现"三个阶段的发展，最终实现奈曼旗进入全域旅游时代，把奈曼旗建成生态环境优美、旅游产业发达、宜居宜业的魅力城市。2030 年，接待年游客总量 600万人次，旅游总收入达到 30 亿元。

（四）空间布局

奈曼旗旅游空间布局（11348）："1"——一个旅游服务中心，即奈曼旗政府所在地大沁他拉镇旅游综合服务中心。"1"——一廊，即由国道 111 与南部大阜线组成的，教来河沿线为特色的生态休闲慢廊。"3"——三大旅游区，即北部生态休闲体验旅游区：宝古图沙漠、孟家段湿地旅游区、柽柳林、兴隆沼林场、东明镇生态休闲区、渔主题平原湿地（舌尖渔乡）；中部历史宗教文化旅游区：奈曼王府、章古台经缘寺、大悲禅寺、固日班花草原、沙主题景城共建（玩转沙都）、创客孵化之创艺沙洲（研学文创）（中部区域包括大沁塔拉文创基地、草原民族创艺之乡等）、东部影视城；南部观光休闲度假旅游区：养主题健康旅游（味道山村）、青龙山洼青龙寺、龙尾沟、舍力虎水库、陈国公主与驸马合葬墓、新镇柏盛园度假村、沙日浩来、黑泡子村农家乐、沙日浩来采摘园。

"4"——四大门户，即治安镇、八仙筒镇、义隆永镇、青龙山镇。

"8"——八大节点，即奈曼王府景区、宝古图沙漠旅游区、孟家段湿地旅游区、金沙柽柳生态旅游区、青龙山洼旅游区、兴隆沼林场、陈国公主与驸马合葬墓、经缘寺及章古台特色小镇。

（五）分区规划和项目内容

1. 大沁他拉镇综合旅游服务中心

（1）咨询服务　建设和依托互联网+信息平台、城郊休闲游憩圈层，打造奈曼旗旅游综合服务中心，承担旅游资讯咨询、游客服务、信息平台、管理平台、投诉处理、旅游安全等多元化服务功能，构筑奈曼旗一级信息管理服务体系。

（2）交通集散　借助大广高速公路、111国道便捷交通网络，建设生态型停车场，交通换乘系统，构建功能辐射奈曼旗的游客系统集散平台。

（3）食宿接待　建设有当地文化特色的中高端酒店，配套特色餐饮住宿，中高端定位，形成旅游接待核心功能区。

（4）发展思路　以文化主题与文创产业为吸引核，大手笔布局奈曼文创、历史情境演绎、乡村农业嘉年华等引擎项目。"乃蛮"部落文化元素可以作为景观配套，丰富旅游步行街的旅游氛围和文化气息。

2. 生态休闲慢廊

（1）空间范围　一条贯穿奈曼全旗南北向的旅游游线。

（2）发展定位　自治区级的自驾车旅游线路和乡村风景道。

（3）功能定位　自然观光游线、旅游度假游线。

（4）发展思路　依托奈曼旗深厚的民族文化、宗教文化，柽柳林、宝古图沙漠等特有的资源以及各乡村小镇、历史遗迹、产业园区，以立体交通方式,全面串联起奈曼全旗重要景区景点,形成全域旅游的干线通道。

3. 北部生态休闲体验旅游区

(1)空间范围 北部生态休闲旅游区位于奈曼旗北部,包括白音他拉苏木、东奈曼营子、苇莲苏乡、五十家子、东二十家子、平安镇、西孟家段、八仙筒镇、东明镇、孟家段水库、兴隆沼林场等区域。

(2)核心资源 以宝古图沙漠、老哈河、兴隆沼林场和孟家段水库为核心景点。

(3)发展定位 休闲观光、沙漠体验、森林迷宫体验、水上娱乐、休闲运动、科普旅游等为主要功能的核心区域。

(4)发展思路 沙漠休闲旅游区规划新建沙漠基地服务站,采取"空中+地上"的空间组合模式,打造一个多功能、立体化的沙漠娱乐休闲中心,与绿洲带、老哈河共同构成景观差异带;改造老哈河沿岸景观,将其建设成为以观光、休闲为主要功能的交通要道。规划将兴隆沼林场建设成为融迷你迷宫、中等迷宫、大型迷宫和科普旅游为一体的体验式森林公园;将孟家段水库建设成为渔主题湿地,体验舌尖文化,集水上娱乐、生态观鸟、湿地游览、休闲运动于一体的观光与休闲娱乐中心(表9-1)。

表9-1 北部生态休闲旅游区项目布局

项目名称	规划范围	发展目标	功能定位	规划思路	项目内容
宝古图沙漠旅游区(引擎项目)	宝古图沙漠、自驾营地、大漠驼铃等	打造一个多功能、立体化的沙漠娱乐休闲中心	沙漠运动、沙漠休闲娱乐、沙漠体验、沙漠自驾游为主,沙漠科普教育、夏令营活动为辅	以沙漠旅游为主线,构建集观光、休闲、体验、娱乐、运动于一体的特色沙漠旅游区	白音他拉苏木旅游小镇、滑沙项目、沙地赛车项目、沙地摄影项目、骑骆驼体验、沙雕展览
孟家段湿地旅游区(重点项目)	孟家段银砂九岛水利风景区、沙湖渔村	建设成为集水上娱乐、生态观鸟、湿地游览、休闲运动为一体的中高端游憩娱乐中心	以观鸟、垂钓、湿地生态观光为主要功能,辅以科普教育、休闲度假、餐饮娱乐	立足全新生态理念,合理利用水资源,借助高科技,展示奈曼旗的生态景观和生态文化	观鸟台、垂钓台、鸟类主题酒店、鱼类主题酒店、孟家段全鱼宴餐饮区、鸟类展览馆

（续表）

项目名称	规划范围	发展目标	功能定位	规划思路	项目内容
柽柳旅游区（重点项目）	柽柳林用地，面积约42.56km²	国内著名的植物主题景观公园、国家5A级生态旅游景区、内蒙古生态旅游产业发展示范区	观光休闲娱乐、文化文艺创作、特色购物等五大功能为一体	按照"125N"空间格局（一廊二带五区多节点），坚持绿色战略，创新生态循环体系，开发绿色产品及项目，打造绿色旅游典范。保持乡土文化环境的"纯净"与"原滋原味"。	赤通生态景观风景廊道；柳林夜景观带、柽柳文化风情带；夜柳景观休闲区、柳林艺术观赏区、柽柳文化创意区、民俗风情体验区、文艺创作探秘区
兴隆沼森林旅游区（重点项目）	兴隆沼柽柳及周边带动发展区	自治区重点森林旅游区	以自然观光、休闲娱乐为主	打造兴隆沼森林旅游区，使其成为沙漠中的"南方圣地"。游客可以在树阴下乘凉，观赏大自然的美景，沐浴着树叶过滤的清风。	划船、海盗船、激流涌进、烧烤、温室花卉园、野餐、真人CS、卡丁车、马场、游船、观鸟园、柽柳林摄影大赛
白音他拉苏木旅游小镇（带动项目）	白音他拉苏木	沙漠特色旅游小镇		以宝古图沙漠为资源依托，完善旅游配套服务设施和要素构建，突显沙漠风情，丰富游客体验	旅游服务中心、沙漠主题公园、沙漠风味美食街、沙漠主题度假区、沙漠野营基地等
明仁苏木斯布呼勒敖包文化节（带动项目）	明仁苏木斯布呼勒敖包	奈曼旗重大文化和旅游节庆盛会	展示奈曼旗的版画、书法、民歌诸恩吉雅等艺术资源、民族文化、宗教文化，展开相关旅游、文娱、经贸、商务等活动	围绕地域特色文化，融入旅游休闲、时尚设计、科技创新等活动，将文化艺术传承与科技创新完美融合，充分展示奈曼旗地域的艺术底蕴和艺术成就，促进奈曼旗文化旅游产业的发展	"男儿三艺"以及传统运动项目大赛、文艺体育表演、蒙古族歌舞演、篝火晚会、马文化产品展示、吉祥圣火祈愿大法会
西辽河生态旅游带（带动项目）	西辽河两岸	自治区星级生态旅游带	自然观光与文化体验相结合	西辽河地区是中国古代北方文化的重要策源地及多元文化荟萃中心地带之一，充分挖掘和科学利用，打造西辽河生态文化旅游带	沿岸主题酒店、河域风光景观带、沿岸酒吧、水上游乐区、河钓基地

（续表）

项目名称	规划范围	发展目标	功能定位	规划思路	项目内容
大漠古榆捺钵大营（带动项目）		打造辽文化人文历史研修旅游基地	辽代民俗文化历史展示和体验	以辽代皇帝四时渔猎活动为背景，再现辽代皇帝四时捺钵的民族习俗，增加游客对古时游牧狩猎文化的了解	旅游综合服务区、捺钵大营建设项目、捺钵民俗文化展示馆

4. 中部历史宗教文化旅游区

（1）空间范围　位于奈曼旗中部，是以大沁他拉镇为中心，包括固日班花苏木、黄花塔拉苏木和义隆永镇。

（2）核心资源　内蒙古东部影视城、奈曼王府博物馆、经缘寺白塔、固日班花草原。

（3）发展定位　以创客孵化、草原民族创意、文化观光、文化体验、休闲运动、汽车观光、宗教文化为主要功能。

（4）发展思路　规划将奈曼王府打造为奈曼旗象征性景点和文化核心点；将经缘寺建设为内蒙古东部的藏传佛教中心，将章古台改造为以田园风光、宗教文化为主题的特色小镇；将固日班花草原建为"月月那达慕"的民族风情旅游地（表9-2）。

表9-2　中部历史文化旅游区项目布局

项目名称	规划范围	发展目标	功能定位	规划思路	项目内容
大沁他拉创客文艺小镇（引擎项目）	奈曼王府、文化产业园、版画创作培训基地、蒙古民歌诺恩吉雅培训基地	创建以奈曼王府为龙头、以奈曼王府旅游区为品牌的文化体验旅游区，成为奈曼旗核心景区	以文化体验为主要功能，辅以历史观光功能	充分挖掘王府历史文化、民族文化，同时开发文化产业园、版画创作培训基地、蒙古民歌恩吉雅培训基地	王府建筑展示区、休闲区、文化表演区、古代服饰体验区、餐饮一条街、摄影体验

（续表）

项目名称	规划范围	发展目标	功能定位	规划思路	项目内容
经缘寺及章古台宗教小镇（重点项目）	经缘寺、大悲禅寺及周边	将经缘寺建成内蒙古东部藏传佛教中心；将章古台建成田园风光和宗教文化结合的为特色小镇	以宗教文化体验为主要功能，辅以田园观光、生态旅游	统一建筑风格，进行整体景观改造和宗教文化建设，发展与宗教、休闲相关的文化旅游产业	举办燃灯节、诵经体验、祈祷体验、燃灯体验、乡村宗教文化街区、体验斋饭
内蒙古东部影视城	大沁他拉镇北侧沙漠内，总占地约30km²	战争题材、年代题材最理想的拍摄场地，大型综合性服务区	以影视剧拍摄为主，集沙漠观光、文化旅游、休闲度假、风光摄影、爱教基地、温泉度假、麦饭石保健等于一体的沙漠风光型摄影基地	以生态和沙漠原貌取胜，打造中国及亚洲最大并独具特色的影视拍摄基地	大型蒙古包集群基地，将有战马（3 000 匹）、骆驼（800 匹）、毛驴（200 匹）、马车（100 驾）

5. 南部观光休闲度假旅游区

（1）空间范围　包括青龙山镇、新镇、沙日浩来镇、义隆永镇、土城子乡等区域。

（2）核心旅游资源　青龙山洼旅游区、龙尾沟保护区、陈国公主与驸马合葬墓和新镇·柏盛园度假村、青龙镇甘薯科技农业园区、甘薯文化小镇等。

（3）发展定位　该旅游区利用现有的宗教文化旅游产品、生态旅游资源以及历史文化旅游资源，结合市场需求，以养生主题健康游、宗教文化观光、辽文化观光、生态旅游以及休闲度假为主要功能。

（4）发展思路　规划在青龙山洼旅游区新建交通景观环线，改善周边环境与植被，完善佛教建筑，将其打造成为奈曼旗南部旅游的标志性景点和重要的宗教文化旅游区；在陈国公主与驸马合葬墓建设辽代文化展示基地，以展现辽代文化、体现辽代风情为主旨，深入发掘辽代文化，依托陈国公主与驸马合葬墓、萧氏家族兴衰等历史遗存和周边自然景观，打造辽文化品牌；在龙尾沟保护区依托现有的生态资源，远期打造为奈曼旗的休闲度假中心；将新镇柏盛园度假村与麦饭石资源有机结合，打造成为一个集康体保健、休闲度假、观光娱乐于一体的度假区。以青龙镇甘薯科技农业园区和甘薯文化小镇等建设为基础，推动现代休闲农业、农业科研科普、甘薯农业文化和科研小镇的多元化旅游体验基地等（表9-3）。

表9-3　南部观光度假旅游区项目布局

项目名称	规划范围	发展目标	功能定位	规划思路	项目内容
青龙山洼旅游区（重点项目）	青龙山、自驾营地、八虎山庄、龙尾沟等	奈曼旗南部旅游的标志性景点和重要的宗教文化旅游区；奈曼旗的休闲度假中心	以宗教文化体验和休闲度假为主要功能，辅以自然观光、娱乐活动	深入挖掘佛教文化，建设成为宗教文化体验与休闲观光基地	宗教朝觐、景观改造项目、特色民宿村、特色餐饮街、休闲度假山庄
陈国公主与驸马合葬墓（重点项目）	陈国公主与驸马合葬墓及周边	辽文化品牌体验目的地	文化体验、文物展览、科普教育、休闲娱乐、历史研修	依托陈国公主与驸马合葬墓、萧氏家族兴衰等历史遗存和周边自然景观，打造辽文化品牌	合葬墓、文物展览馆
麦饭石长寿村（带动项目）	新镇山咀村石场洼屯	世界长寿之乡、蒙医中医养生保健示范基地	麦饭石产业和文化旅游、蒙中医养生结合的特色休闲度假村	打响"中华麦饭石"的品牌，加快旅游基础服务设施和项目建设，构建完善的蒙医药养生产业链条	旅游服务中心、文化休闲广场、麦饭石工艺博物馆、蒙医中医疗养院、长寿驿站等
土城子古塞边城小镇（带动项目）	国家重点保护文物——奈曼土城子城址为核心	国家示范特色小镇	文化旅游和体验	展示古塞风情、开发古建遗迹观光游、边塞风情体验游、完善、设施和业态形态，推动旅游扶贫、旅游富民工程	游客服务中心、边城客栈（战国、秦汉文化风格）、文化艺苑、民俗休闲街区
新镇柏盛园影视文化小镇（带动项目）		内蒙古自治区特色小镇示范点		依托柏盛园度假村和影视城，发展影视文化创意产业，建成集旅游观光、休闲度假、研学于一体的影视创意旅游综合体	游客服务中心、柏盛园度假村、内蒙古影视风情街、新镇水库生态园等

（六）投资估算（表9-4）

表9-4 旅游重点项目及部分重点配套设施投资估算

项目分类	规模	投资额（万元）
（一）重大旅游基础服务设施		140 000
北老柜至扶贫路至开八线扶贫旅游公路	二级公路50km	33 000
土城子村至平顶山村至铁匠沟村至南湾子四村扶贫旅游公路	二级公路40km	32 000
宝古图沙漠至孟家段湿地旅游区旅游公路	二级公路35km	32 000
奈曼旗大镇至宝古图沙漠旅游景区公路	二级公路	32 000
通辽市奈曼旗通用机场	旅游专用道35km	12 000
	国道111线23km	1 495
（二）部分旅游公共服务设施		3 000
1. 游客集散中心	1处	1 500
2 生态停车场	8处	500
3 标识引导系统	／	1 000
（三）重点景区建设		178 000
1. 宝古图沙漠旅游区	137km²	105 000
2. 孟家段湿地旅游区	31.8km²	25 000
3. 柽柳旅游区	38.7km²	25 000
4. 青龙山洼旅游区	4km²	15 000
5. 奈曼王府	争创4A景区	8 000
6. 经缘寺		3 000
7. 陈国公主与驸马合葬墓		2 000
（四）乡村旅游建设（结合乡村振兴战略）		46 400
1. 重点村镇基础设施建设	14个	21 000
2. 东部田养乡村产业板块	6个	3 000
3. 西北部乐活乡村产业板块	4个	2 000
4. 中部游学乡村产业板块	6个	3000

（续表）

项目分类	规　　模	投资额（万元）
5. 南部度假乡村产业板块	8个	4 000
6. 两个特色小镇建设	青龙山镇 白音他拉苏木	3 000 3 000
7. 重点乡村旅游村	22个村	6 600
8. 旅游扶贫重点村	2家	500
9. 自治区级休闲农牧业与乡村牧区旅游示范点	2家	200
10. 自治区乡村旅游接待户	1家	100
（五）旅游商品开发		5 000
（六）旅游形象的传播与市场营销		2 300
1. 广告（包括标牌、媒体等）		1 000
2. 展示会、促销行动		500
3 大型节事、特色节事		500
4. 宣传品（宣传片、特邀访问等）		100
5. 网络传播（网站、网页等）		200
（七）旅游人力资源开发与智慧旅游建设		1 500
1. 人力资源开发与培训		500
2. 智慧旅游建设（大数据平台）		1 000
总　计		376 200

专栏9-1：重大旅游项目

1. 中国东部影视城建设项目：占地面积752亩，影视城核心基地建设面积41 562m²，在沙漠上建设战争题材、年代题材等为主题的影视拍摄基地，形成集影视剧拍摄、沙漠文化旅游、度假、观光和历史回顾、爱国主义教育、军民共建为一体的大型综合性服务区；项目前期手续齐全。资金来源：企业投资。

2. 宝古图沙漠旅游区基础设施建设项目：总投资10.53亿元，规划总面积为20km²，占地面积2万亩。建设综合服务区、民族娱乐体验区、大沙漏狂欢游乐区、沙雕城堡风情区、沙漠低空飞行区、汽车越野公园区、沙疗酒店度假区。资金来源：企业投资、PPP项目、专项资金。

3. 孟家段湿地旅游区项目：总投资 2.5 亿元，主要建设湿地保护与恢复、科普宣教、科研监测、防御灾害、保护管理基础能力、合理利用、社区协调、基础设施等 8 大工程。其中 2018 年建设综合服务区、自驾车露营地等工程。资金来源：专项资金、企业投资。

4. 柽柳旅游景区项目：总投资 2.5 亿元，建设赛汉塔拉美丽乡村、柽柳景观公园、柳林运动公园、风情民宿园、金沙柳海生态园、沙洲驼铃体验园、沙湖露营基地等，配套垃圾中转站、污水处理站、变配电、给排水等基础设施。资金来源：专项发展资金和企业自筹资金。

5. 游泳馆及温泉酒店建设项目：总投资 10 亿元，建设 2 万 m² 的温泉酒店、1.7 万 m² 的游泳馆及配套商业综合体。建设周期：2018—2020 年。投资主体：内蒙古昕业工程咨询有限公司。

专栏 9-2：创建特色小镇

1. 甘薯特色小镇：青龙山镇有多年甘薯种植和粉条加工基础，也有现代化的科研基地。青龙山粉条品牌已形成一定的区域影响力。2017年开始，内蒙古腾格里溪农业科技股份有限公司规划投资 10 亿元，建设集甘薯种苗繁育、研发、推广，鲜薯收购储存，甘薯淀粉、粉条、酵素等上下游产品生产加工销售于一体的产业科研体系和生产体系，做大做强甘薯产业体量和质量，延伸产业链条，逐步打造以甘薯产业为主题，集现代农业、田园观光、休闲度假、乡村社区、甘薯文化培植等为一体的田园综合体和特色小镇。

2. 金沙特色小镇：白音他拉镇依托丰富的硅砂资源，加强生态保护和治理，科学规划、保护性发展硅砂产品研发生产、沙漠旅游等可持续治沙产业和脱贫产业，实现控沙、治沙、用沙、玩沙相结合，打造集"保护、科技、产业、旅游、文化"于一体的金沙特色小镇。内蒙古乃蛮部落文化发展有限公司拟投资 10 亿元，在宝古图沙漠旅游区建设国家沙漠公园、越野家园、自驾车营地、民族娱乐体验区、大沙漏狂欢游乐区、沙雕城堡风情区、沙漠低空飞行区、综合服务区等。旅游区连续多届举办奈曼宝古图沙漠那达慕、奈曼（国际）越野群英会、五·一露营大会、内蒙古自治区第六届"男儿三艺"大赛、8.18 哲里木赛马节奈曼赛区比赛、"游奈曼拍奈曼"大型摄影采风活动、乡村文化旅游节等各类活动，已为金沙特色小镇未来建设奠定了坚实的市场基础和品牌影响力。

专栏 9-3：奈曼旗旅游产业基础设施重大项目

1. 通辽市奈曼旗北老柜至扶贫路至开八线扶贫旅游公路工程项目：50km。总投资 3.3 亿元，建设周期：2017—2019 年。专项资金。

2. 奈曼旗扶贫观光旅游公路项目：土城子村至平顶山村至铁匠沟村至南湾子四一村，建设二级公路40km。总投资 3.2 亿元，建设周期：2018—2020 年。

3. 奈曼旗宝古图沙漠至银沙九岛景区旅游公路建设项目：建设二级公路35km。总投资 3.2 亿元，建设周期：2019 年。

4. 奈曼旗大镇至宝古图沙漠旅游景区公路建设项目：二级公路35km。总投资 3.2 亿元，建设周期：2019 年，续建项目。

二、文化产业

（一）发展趋势

1. 文化产业与国民经济加速融合

《'十三五'国家战略性新型产业发展规划》对数字创意产业进行了顶层设计，"创新数字文化创意技术和装备""丰富数字文化创意内容和形式""提升创新设计水平""推进相关产业融合发展"等四个方面推进整体布局，明确发展路径。数字创意产业纳入战略性新兴产业发展规划，既是文化产业发展的重大机遇，更是文化产业融入国民经济的一个里程碑，标志着文化产业在国民经济中的重要地位进一步凸显和提高。文化除了向数字领域渗透，"文化+"，也不断融合到一二三产业更广泛的领域，催生出大量文化产业新业态，为文化产业转型发展提供了新思路、新模式。重构了文化产业的生态环境，促进文化产业服务实体经济走向常态化道路（图 9-3）。

2. 文化产品提档促进了品质消费

城乡居民转变消费观念和推动文化消费总体规模持续增长，带动了旅游、住宿、餐饮、电子商务等相关领域消费，拉动了整个经济增长，夯实了社会建设，不断满足群众文化需求。文化产品也由传统的读书、看报、看演出等，拓展到生活的全方位和全覆盖，满足了多元化的精神需求。同时，也不断提高了文化产品的品质，不断推出触及心灵深处、引发情感共

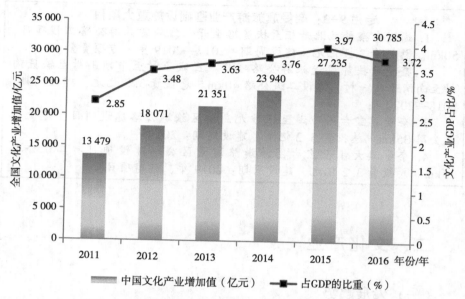

图 9-3　2011—2016 全国文化产业增加值及 GDP 占比

鸣的"爆款产品",提升了文化产品的吸引力和感染力。

3. 文化产业与文化事业相互支撑

随着《关于推动文化文物单位文化创意产品开发的若干意见》发布,相关试点单位积极开发文创产品。"文化自信"逐渐找到创意表达和资本支撑。特别在特色村镇建设中,文化产业和文化事业融合加深,文化事业的投入,也是为文化产业积累资本,文化产业的经济效益,也是社会效益,直接促进了当地的文化事业发展。国有文化企业开始全面战略布局,提高了市场占有率,肩负了文化事业的社会责任,将会在弘扬中国传统文化和文化创新中起着举足轻重的作用。

4. 文化产业内部融合促进提质增效

VR、直播、网剧、弹幕等新文化业态,在 2016 年快速冲击文化消费市场,成为年轻人的消费新时尚。文化产业从产品形式到运营生态都发生了巨大变化。通过互联网+的渗透,传统文化企业开发了消费者偏好的衍生产品,做长了文化产业链;传统出版业完成了数字化设备改造,嫁接了互联网的运营理念,盘活资产,实现增值。文化企业开始注重 IP 制造,讲"资本故事",并加强了文化金融创新。文化产业领域,企业开始提倡

"工匠精神"，融入文化情怀，做精、做深自身的产品和服务，提质增效，回归百年老店的精耕细作之路。

（二）发展现状和存在问题

1. 现状

公共文化设施取得了长足进展；实施文化惠民工程，不断满足了人民群众日益增长的文化需求；实施文艺精品打造工程，创作出不少优秀作品；实施文化遗产保护工程，促进文化遗产的保护传承与开发利用的协调发展；文化市场监管有力，发展健康有序；积极发展文化产业；加强宣传和舆论引导，促进了与旅游产业的逐渐融合。2011—2015 年，文化产业相关企业达到 388 家，从业人员 2 200 人，经营收入 8.7 亿元，增加值 0.51 亿元，占 GDP 比重 0.87%。

2. 存在的问题

文化产业相关的基础设施尚需进一步加强；文化产业相关企业数量少、规模小，整体发展水平还有待提高；文化产品生产和文化服务能力不够强，还不能完全满足人民群众对美好生活的深层次需求；文化活动需要进一步提档升级；高端文化产业经营和管理人才缺乏，将制约文化产业的快速发展。

（三）发展思路

围绕"继承奈曼旗优秀传统文化，培育绿色低碳的生态文化，实施乡村文化振兴战略，提高文化产业创新能力，培育新型文化业态，提供多元文化产品，深入实施文化惠民工程，满足人民群众对美好生活追求的文化诉求，全面复兴和传播奈曼旗的传统文化"等目标，通过文化产业园区推动、精品项目带动、创意项目引爆、文旅融合、文化+互联网应用等项目引领，不断提高全旗人民的文化素养，建设学习型社会。加速奈曼旗文化产业全面繁荣，文化综合竞争力快速增强，把奈曼旗建成极具浓郁地方文化特色、精准体现时代精神、高效延续传统文化精髓的文化大旗和文化强旗。

（四）优先发展重点领域

1. 振兴奈曼旗乡村文化相关项目

积极响应和落实党的十九大提出的乡村振兴战略，把乡村文化的振兴作为乡村振兴的重要抓手之一。对全旗乡村文化进行系统梳理，高起点策划和规划出《奈曼旗乡村文化振兴战略和三年行动计划》；真正把失去的乡村文化的魂魄找回来，发现和寻找到乡村文化名人，培养文化传承、文化创新、文化服务等人才团队；规划设计一系列乡村文化商品，增加乡村文化产业收入，提高农民经济收入；以乡村文化为核心，打造相互匹配的乡村景观、提供高品质的乡村文化旅游景区景点，真正让乡村文化之魂，拉近乡村与世界的距离。

2. 文化旅游产业项目

依托奈曼旗辽、蒙文化等本地文化内涵、历史古迹，通过文化与旅游的结合，利用周边的湖泊风景，打造集观光、休闲、度假和娱乐于一体的文化旅游项目，确立奈曼旗的知名文化品牌和文化 ID。

3. 文化产业集聚区项目

积极打造国家级、自治区级文化产业基地和打造自治区级文化产业集聚区。大力引进和发展以音像、网络为代表的新型文化产业、数字文化产业。

4. 文化节庆类项目

结合文化搭台、经贸唱戏和特色招商，策划系列大型文化节庆，如青龙山文化庙会、章古台文化庙会。

5. 文化基地类项目

以奈曼版画院为基地，大力挖掘和创作科尔沁版画——奈曼沙地版画。

6. 创意策划系列民族风情演艺活动

如蒙古族舞剧《诺恩吉雅》、生态情景剧《科尔沁歌王》、民族舞剧《那一片绿》等民族文化展演。积极发展文艺演出业，推动和提升艺术培训业、休闲娱乐业、会展业、艺术品业等传统文化产业。

专栏 9-4：奈曼旗文化产业重大项目

1. 通辽市奈曼旗文化产业综合体暨博物馆建设项目：占地面积 70 980 m^2（110 亩），总建筑面积 46 685 m^2，其中，建筑含博物馆、文化馆、科技馆、乌兰牧骑等及其办公区，以及影剧院、演艺中心、会展区、商业区等功能区。总投资 1.5 亿元，建设周期：2019—2022 年，专项资金建设项目。

---

2. 通辽市奈曼旗国家级文物维修保护建设工程项目：对土城子古城遗址、萧氏家族墓、燕北长城、奈曼王府等进行维修保护。总投资1.2亿元，建设周期：2019—2022年，专项资金建设项目。

3. 奈曼旗版画展销中心建设项目：建设展厅4 700 m²、印刷工棚5 100 m²、室外展廊1 200 m²及道路硬化、景观绿化、亮化等工程。总投资0.35亿元，建设周期：2018—2019年。

三、健康养老产业

健康养老产业由政府养老机构、企业独立运营和居家养老三大块组成。政府在养老产业领域目前已开始由自身投资运营，转变为产业引导。各地相关政策也不断出台，政策实操性加强。居家养老成为基础，机构养老成为补充。鼓励民间资本进入，健康养老产业多元化发展。医养结合、中医药发展养老成为新模式，各地多层次探索，模式创新不断涌现。"健康中国"概念提出，不断引发全民健康浪潮，将在"十三五"期间就引发10万亿元的产业市场，养老产业前景非常广阔。

（一）发展趋势

健康养老产业是中国后工业化时代社会需求最强劲的朝阳产业之一，表现出如下发展趋势。

1. 大健康产业跨界布局与转型势头激进

在政策利好，市场需求旺盛情况下，健康养老产业成为众多企业通过兼并收购进行跨界布局和转型的目标。健康养老产业与大健康产业内多种其他产业互有关联，能够与医药、医疗服务、健康消费品市场形成紧密联系，为养老企业的跨界布局留有足够空间。

2. 居家、社区养老成为重点

社区养老服务机构和设施由2014年的1.9万家增加到2015年的2.4万家；互助型养老设施已由2014年的4万家增加到2015年的5.2万家。

3. 地产思维转型为运营思维

国内大量养老机构主打高端市场，以配备设施齐全、五星级准装修、自建三级医院等方式，希望以此吸引高端消费者的目光，但过高的收费将大多数老人挡在门外。根据《中国养老机构发展研究报告》的数据，目前中国养老机构床位空置率达到48%，仅有20%的养老机构能够盈利；运营商开始转变地产思维，开始提供康复护理服务，与医保等相连接，接受失能老人，特别是失智老人，该类具有特色的养老机构呈现出"一床难求"的大好局面，部分机构床位竟然排队已达10年左右。

4. 中小型、专业化机构崭露头角

微型养老机构由于对场地要求较小，大多数在已有社区内部或周边，符合中国人传统的养老方式和家庭观念。微型养老机构连锁化经营后，能够通过标准化进行快速复制，同时针对社区情况提供个性化服务内容，未来将拥有广阔的市场。

5. 养老市场呈现一定量的刚需市场

截至2014年年末，中国有失能失智老人超过4 000万人，80岁以上高龄人口2 400万人。

6. 定制化养老服务成为新趋势

抱团养老、互助养老方式受到广泛关注，社群化养老服务开始逐步走向市场。

（二）发展现状

目前养老设施存在用地少、设施不足，无法满足未来老龄化社会需求以及其他社会福利相关需求等主要问题。

奈曼旗制定出台了《关于加快发展养老服务业的实施意见》等政策文件，逐步建立以居家养老为基础、社区养老为依托、机构养老为支撑的功能完善、规模适度、覆盖城乡的养老服务体系。奈曼旗已经开通了"12349"居家养老服务热线，综合社会福利中心、诺恩吉雅健康养老中心投入运营。

"十二五"期间，用于养老服务设施项目736.65万元，全旗新增加养老床位604张，达到床位1 170张，每千名老年人拥有养老床位数22张。养老服务机构17家，其中，公办15家，民办2家，日间照料中心4处。

对综合社会福利中心、养老护理院和 11 所农村敬老院进行升级改造。将 11 所农村敬老院整合为 6 所区域型中心敬老院，配备全额事业编制 18 人，其他 5 所敬老院暂列为区域型中心敬老院的分院。全旗公办养老机构建筑面积达到 14.6 万 m²，床位 860 张，集中供养五保对象 153 人、老年人 82 人。建立了高龄老人津贴制度，按照每人每月 100 元标准，发放高龄津贴 2 467.7 万元。

（三）发展思路

健康养老产业是生活性服务业的重要组成部分，大力发展健康养老产业，有利于生态环境保护，有利于加快健康城市建设，有利于推进城镇化发展。健康养老产业的高品质发展，也是社会、经济、生态、文化发展和谐发展的试金石。积极发展养老服务业，鼓励社会力量兴办中高端养老机构，构建功能完善、规模适度、覆盖城乡的养老服务体系。以打造健康奈曼旗为立足点，抓住乡村振兴战略推进、旅游区周边环境整治、生态景观带建设、生态居住区提升等等机遇，率先发展健康养老产业，营造良好的生态环境，加强绿色环境的建设，合理布局健康养老产业，积极推进医疗机构、老年护理、老年康复、家庭养生等在奈曼旗的发展。依托特色蒙医和蒙中药产业发展基础，率先在奈曼旗进行医养结合的养老试点工作。

（四）优先发展的重点领域

1. 构建养老保障体系

一是要高度重视政府养老机构、民营企业养老机构、社区养老的多元产业发展模式，充分重视老人对"医疗""娱乐"的需求度高，对"食物""养老服务"需求不是很高的特点，提升现有资源的利用率，优化养老产业链。二是充分利用老年人组织（老年人协会）在居委会、老人、养老服务提供商（医院、餐饮、超市、活动中心、养老机构）之间的桥梁作用，将老人和优质服务资源有效对接，使得老人的需求得到最大满足。三是要加强民营养老服务机构的建设，提高运营团队的文化素养、服务意识，培育和提升以"家文化"为核心的服务品质，加强服务品牌的塑造，提供货真价实的服务内容和服务模式。

2. "社区+享老" 项目领域

建设生态居住社区，打造优美的小区生态环境，除一般的居住者外，还针对一般健康的老人，配套可供老年人学习、游憩、娱乐、康养的设施。

3. "医疗+养老" 项目领域

建设专业的医养苑，针对需要更多服务的老人及家庭，配置较高级别的医疗服务和康养机构，开展老年护理、老年康复、家庭养生等养老服务产业。

4. "度假+养生" 项目领域

依托奈曼旗3A以上旅游景区，以及蒙中药特色产业，建设蒙医特色的养生度假区，开展医疗旅游新型业态，配置多元化的养生类服务业态，为游客提供高品质的健康服务。

专栏9-5：养老产业重大项目

通辽市奈曼旗健康养老体系建设项目：以奈曼旗诺恩吉雅健康养老中心为核心，构建辐射各苏木乡镇场集养老、医疗、娱乐等于一身的健康养老服务体系，共涉及奈曼旗健康养老中心、奈曼旗康德苑老年公寓、奈曼旗诺恩吉雅健康养老中心及八仙筒、青龙山镇健康养老中心5处，总建筑面积6万 m^2，设置床位2 200张。总投资1.2亿元，建设周期：2017—2021年。

四、其他现代服务业

（一）发展趋势

1. 服务业对经济发展贡献很大

世界经济由工业经济向服务经济转型，服务业逐渐取代制造业成为现代经济发展的主导产业，知识密集型服务业的就业能力不断增加。世界经济呈现出"三产化"趋向和"三产推动型"的重要特征。市场、资金、技术、人才、信息等第三产业，在经济发展和竞争中扮演着越来越重要的角色。如美国、德国、英国等发达国家，近几年的服务业已经达到了3个

70%，即服务业占经济总量的70%，服务从业人员占就业人口的70%，经济增长的70%来自服务业增长。

2. 服务业已成为新技术的重要促进者

现代服务业不仅是新技术的使用者，也指引着新技术发展的方向，是最主要的推广者，并促进了多项技术之间的相互沟通和发展。

3. 现代服务业与制造业融合的速度大大加快

现代服务业通过企业内部服务业的融合、产业链上的服务业融合以及电子信息技术应用，向现代制造业生产前期研发和设计、中期管理、融资和后期物流、销售、售后服务、信息反馈等全过程渗透，加快了制造业内部"以制造为中心"转向"以服务为中心"。

4. 创新和创意成为现代服务业发展的重要引擎

客户定制是未来经济发展的新趋势，而客户定制依赖于以创新和创意为核心的商业模式。

（二）发展现状

以旅游业为"领头羊"的现代服务业呈现良好的发展势头，随着蒙东服务外包及呼叫中心产业园、元亨利家具产业园、蒙东科技城等项目陆续建设，逐渐填补了现代服务业领域的一些空白。截至2017年年底，全旗限额以上商贸流通和重点服务业企业发展到36家。旅游服务业，以宝古图沙漠旅游区成功晋升3A级景区为重要开端，先后建成了宝古图、青龙山自驾车露营地和孟家段国际垂钓中心。牵头建立了"蒙冀辽"旅游区域联盟，成功举办宝古图沙漠旅游节、中外摄影家"游奈曼拍奈曼"等系列旅游推介活动。宝古图沙漠那达慕、中国·奈曼越野群英会成为自治区级特色品牌活动。仅旅游服务业，2013—2017年，五年间累计接待游客达400万人次，实现旅游综合收入19亿元。另外，实施国家级电子商务进农村综合示范旗项目，电子商务从无到有、快速发展，交易额突破4亿元。建成电商扶贫服务中心15个、示范村11个，嘎查村电商服务站586个。全旗金融机构发展到36家，存贷款余额分别达到84.2亿元、52.4亿元，增长率分别达到151%和103%。

（三）发展思路

大力发展生活性服务业，逐渐满足城市居民对美好生活追求的需要；

逐步构建生产性服务业体系，为奈曼旗工业园区绿色、稳健、可持续发展提供坚实的服务支撑。通过生活性服务业和生产性服务业的同步发展，最终形成综合性现代服务业体系，真正成为支撑奈曼旗社会、经济、文化发展的坚强后盾。

（四）优先发展的重点领域

1. 大力发展生活性服务业，加快城市现代服务业的发展，同时为工业园区的快速发展提供丰富的服务业态

通过在奈曼旗主城区、重要乡镇节点、主要交通干道沿线，配套高质量的服务设施，布局新型时尚、快捷便利、丰富多元的服务业网点。覆盖大部分城市居住社区、重点城镇和乡村。开发高端零售餐饮、时尚连锁购物小店、康体娱乐设施、专业健身俱乐部、营造游憩空间和场所等，提升服务品质和档次，满足不同档次商务交际、社会交际等服务需求。

2. 发展生产性服务业，打造优势行业

结合奈曼旗工业园区的不同发展阶段，以高起点、新理念、高技术含量来装备现代物流产业，逐步布局现代生成性服务业。如优先大力发展现代物流产业为主，实现大物流、大服务，构建与新材料、生物医药、沙产业等现有产业相互适应的现代物流产业体系。创建奈曼旗众创服务空间，引进和孵化一批适合当地未来发展的高技术高附加值产业，增强产业发展后劲。通过大力发展科技服务业，助力工业园区从传统的生产制造业基地，向高科技创新基地的转化。

3. 重点发展好其他生产性服务业

包括研发产业、服务业外包产业、金融服务业、工业文化创意产业等。通过发展资讯、咨询、人才劳务服务、金融、法律等一站式中介服务产业链，积极服务于工业园区的现代制造业企业，不断提高和完善商业服务环境，为进一步招商引资和引进产业相关的高精尖人才打好基础。

4. 推动生产性服务业与城市功能相融合，提高各类现代服务业的技术含量和专业化程度

加快新技术在生活性服务业领域的应用，围绕移动生活服务、数字休闲、娱乐、旅游、空间位置综合信息服务等数字生活领域，大力发展以网络消费、线上线下融合消费为核心的电子商务服务模式。

5. 尽快建立发展现代服务业的保障措施

积极鼓励和利用社会资本提升发展现代服务业。优先优化主城区、乡镇政府驻地、工业园区的软硬件设施和环境。大力引进和培育现代服务业领域的高级技术、管理和运营等方面的人才。

专栏9-6：现代服务业重大项目

1. 奈曼旗内蒙古蒙东现代服务业产业园项目：项目占地面积523亩，以轻量化新材料、电子商务、文化创意的科技企业和企业孵化器为主，以众创空间、大学生创业示范基地、物流产业园为辅的科技创新产业园区。总投资11.2亿元，建设周期：2017—2019年。

2. 奈曼旗互联网+电商大平台建设项目：建设集"电商公司集中板块、电商培训教育板块、电商研发生产与物流板块、电商配套服务板块"为一体的电商众创孵化示范区。采取"互联网+农超"模式，实现全旗355个嘎查村电子商务服务站全覆盖，打造奈曼地区特色产品外销平台和电子商务发展平台，创新农村电子商务发展路径，建设国家级电子商务示范县。总投资1.5亿元，建设周期：2017—2019年。

第十章 县域(奈曼旗)生态与产业协调发展的对策措施

一、建立县域（奈曼旗）生态与产业协调发展机制

（一）夯实法规基础

严格执行国家、内蒙古自治区、通辽市和奈曼旗生态建设、环境保护、产业发展相关政策。进一步推动旗政府出台操作性强的《奈曼旗生态环境保护及产业协调发展规划实施细则》，提升方案的权威性和引导性，指导旗域各级内各乡镇苏木积极落实，加强各乡镇和各产业之间协调一致，保障项目有序落地。

（二）建立工作协调机制

1. 建立生态环境保护综合协调机制

充分发挥环保部门职能作用，参与经济社会发展和环境保护重大决策的协调管理。建立并完善多部门、跨乡镇环境保护联防联控体系，逐步有效解决跨旗域的环境污染问题。加强部门协调，完善联合执法机制，规范环境执法行为，积极探索政府主导，环保部门统一监管，有关部门各司其职、分工协作，全社会齐抓共管的环境保护工作机制。

2. 建立生态保护与产业发展的约束与互动机制

生态环境保护与产业发展，两者是互相制约又互相促进，建立两者之间的良性互动机制。特别是作为战略性支柱产业的旅游产业，未来产业规模会越来越大、比重也会快速增加，要处理好旅游开发、生态建设、环境保护之间的关系。

3. 建立多方参与的综合决策机制

建立多方参与的政策制定和大项目决策机制。制定宏观发展政策以及重大项目决策时，不仅要有资源、环保、生态、旅游、规划部门和其他有关部门共同参与，综合考虑环境、资源、生态与旅游发展以及区域经济发展之间的复合影响和作用，以决策产生的整体效应满足各种利益需求；而且也需要组建跨学科的研究队伍和决策智囊团，进行生态和环境发展的政策研究，为旅游发展规划和政策制定提供咨询服务。同时，也需要邀请社会团体、非政府组织、行业协会、新闻媒体，形成广泛参与体系，对政策制定和重大项目决策提供重要建议。

4. 实行生态环保"一票否决制"

从环境保护的角度出发，不当的重大项目建设可能对环境的破坏是无法弥补的。开发前对开发活动进行环境影响评价、分析，识别建设、经营过程中可能造成的影响提出相应的减免对策，要把可能对项目环境造成的负面影响降低到最低程度。

充分发挥环境影响评价制度在环境与发展综合决策中的作用。建立重大项目环评及联动机制，将重大项目规划环评作为受理审批旗域内项目环评文件的重要依据。对没有通过环境影响评价的政策、规划实行一票否决制，对造成重大资源生态环境问题的实行一票否决制。

（三）建立生态环境补偿机制

1. 争取社会补偿

根据自然资源定价理论，开征生态环境补偿费，将资源开发利用的环境代价，通过市场价值规律，准确反映到项目经营者的内部成本中，形成"谁开发、谁付费，谁破坏、谁治理"的生态环保机制。

一是建立自然资源资产有偿使用制，按照"谁受益谁补偿"的原则，探索开发地区、受益地区与生态保护地区试点横向生态补偿机制，构建和创新奈曼旗的"生态补偿基金"，加大生态补偿专项资金和生态补偿财政性转移支付资金的支持力度。二是鼓励和支持奈曼旗水环境保护治理基金，强化"专款专用"，大力推进生态环境保护修复。三是在自然遗产地、文化遗产地、旅游景区、自然保护区等区域内，开发建设旅游项目，设立和收取生态环境保护专项资金，专项用于生态环境保护和文化资源的恢复、保护和建设等工作。

2. 探索建立市场化生态补偿机制

以发展环保设施运营服务业为突破口，积极推行环保运营服务社会化、市场化。一是建立简约的环境治理新模式，通过市场将治理项目开发污染的责任转变成经济责任，由专门的环境污染治理公司或企业来承担，排污企业与治污公司之间存在简单的经济关系，污染治理设施的建设、运行管理等都由治理公司负责，排污企业只需支付一定的费用把排出的污染物交给治理公司即可。二是建立废弃物处理有偿服务制度，鼓励企业投资污水、垃圾处理等环保工程建设，并在政策上规定直接向排放污染物的企业、个人收取处理服务费。

二、出台生态保护与产业发展保障政策

加大奈曼旗生态保护和产业发展相关的用地、金融、税费等政策支持力度，强化政策保障和政策创新，形成有利于深化生态建设、环境保护和优势互补的产业发展政策体系。

（一）创新规划行政审批政策

相关部门在项目立项、规划审批、土地征用等环节上，要为有利于生态环境保护的重大项目建设开辟绿色审批通道，优化建设立项、规划、报建等相关程序，加快工程建设的整体推进。

（二）探索积极的绿色产业用地政策

1. 建立绿色产业用地供给制度

探索绿色产业的用地和土地管理政策，如旅游产业、文化产业等。落实绿色产业的用地政策，推动土地差别化管理，引导绿色产业的供给结构调整。探索建立保障绿色产业发展用地基本供给制度，在法律法规和政策允许的范围内，大力支持绿色产业的发展，如加大旗域内旅游用地的支持力度，在土地利用总体规划和城乡规划中充分考虑旅游产业发展需求、旅游设施的空间布局，合理安排旅游用地布局，旅游项目用地、旅游基础设施用地统筹优先安排，在年度土地保障中明确旅游业发展用地需求。优先保障纳入国家规划和建设计划的重点旅游项目用地和旅游扶贫用地。设立用地审批的快速通道，保证及时、高效、依法用地。

2. 推进绿色产业用地管理创新

绿色产业的公益性配套基础设施可按划拨方式供地。鼓励农村集体经济组织、其他组织依法以集体经营性建设用地使用权入股、联营等形式参与企业管理。发展改革、国土资源、规划等部门加强协作，保证项目建设用地指标。创新采取点状、定向、租赁等多种土地供地模式，重点项目的建设用地计划纳入年度用地计划中统筹安排。

3. 扩大绿色产业用地供给途径

鼓励依法取得的农村集体经营性建设用地在确保集体土地性质不变的前提条件下采取入股、联营等方式参与旅游项目、文化产业等绿色产业的开发建设；对环境友好型产业经营性基础设施、公益性设施用地，可划拨供地；对投资规模大、促进地区经济发展作用明显的绿色产业项目用地，可根据实际情况降低地价标准出让。

4. 完善生态保护的经济政策

（1）积极完善政策鼓励措施　制定发展生态产业优惠政策，利用财政补贴等政策引导企业实施自愿性的环境管理政策；充分利用各种融资手段为中小企业清洁生产和科技创新提供资金支持；利用环境基础设施进行企业化和市场化经营，鼓励和支持资源节约和综合利用型项目，鼓励发展有利于保护生态环境的新型能源、新型建筑材料、新型环保材料等产业，在投资、融资和其他方面给予政策倾斜。

（2）加大政策扶持，拓宽资金渠道　加大公共财政投入，强化政府的主导作用。各级政府要不断加大生态建设与保护的投入，建立稳定的生态保护与建设投入增长机制。一是逐步提高政府预算中环保投资的比重；二是增加"环保专项资金"投入。支持重点区域污染防治、环境基础设施和监管、供水安全保障等基础设施与重大项目建设。严格预算执行管理，加强资金使用绩效评价和项目后续管理，切实提高财政资金使用效益。

拓宽生态保护与建设投入渠道，完善多元投入机制。充分发挥财政资金的引导作用，引导鼓励社会资金以独资、合资、承包、租赁、拍卖、股份制、股份合作制、BOT、PPP等不同形式参与到生态保护与建设的事业中，鼓励更多的社会资本进入生态设施建设和经营领域，实现投资主体多元化。充分发挥金融在生态环境建设中的作用，加大信贷支持力度。

5. 完善投融资政策

积极探索推进项目落地的 PPP 模式。通过政府宏观调控与市场调节相结合，构建符合市场经济要求的投融资机制，形成以政府为引导、以企业为主体、吸收金融机构和社会资本参与的投融资体系。建立健全多元化投入机制，设立"奈曼旗绿色产业发展基金"，保障绿色产业发展专项资金持续增加，整合各部门现有涉旅资金。鼓励金融企业、风险投资基金、私募股权基金参与绿色产业发展和项目开发，推进绿色产业投融资平台建立和国有企业产权多元化。积极探索推进绿色产业项目落地的 PPP 模式。通过政府宏观调控与市场调节相结合，构建符合市场经济要求的投融资机制，形成以政府为引导、以企业为主体、吸收金融机构和社会资本参与的投融资体系。

6. 强化科技和人才支撑

（1）强化科技保障　积极与国内科研院所及高校建立良好的多渠道合作关系，开展专题科学研究；培养科研技术人才；设立奈曼旗生态环保和产业发展的科研课题和科研基金，保障科研项目的顺利实施；在资金、技术、人才、管理等方面，积极引进、推广国内外的先进绿色产业技术和管理经验。

探索和建立生态保护与建设科技创新平台。鼓励各类科研院所及科技人员紧紧围绕生态保护与建设关键领域和重要环节，积极开展科研攻关，对生态系统综合监测与评估、生态系统演变及重大问题、生态系统修复与重建、生态系统碳汇等重大关键共性问题进行研究，推进科技创新，提高成果的转化能力。

建设奈曼旗生态环保产业一体化的大数据中心和平台，促进智慧服务、智慧管理、智慧营销和智慧统计的建设进程。提高生态、环保和绿色产业的管理信息化整体水平，夯实业务基础数据，提升综合管理能力，为政府、企业提供决策和咨询服务。

（2）优化人才培养机制　突出培养创新型科技人才，重视培养行业带头人和复合型人才，大力引进、培养生态、环保、旅游、文化等产业发展重点领域紧缺的专门人才。统筹抓好企业经营管理人才、专业技术人才等人才队伍建设，营造充满活力、富有效率、更加开放的创业就业环境。

大力加强技术队伍建设与专业人才的培养，包括生态建设人才、环保科技人才、旅游人才等。以提升人才整体素质和竞争能力为导向，以建立生态建设、环保建设、文旅产业发展的相关人才开发体系和制度体系为重点，推动人才链、产业链、教育链紧密衔接，统筹构建行政管理、经营管理、专业技术、服务技能和发展实用五支重点人才队伍。

三、落实生态与产业协调发展规划

（一）明确责任主体

成立奈曼旗生态环保和产业发展领导小组，由发改、环保、国土、水利、林业、旅游、财政等多个部门，以及各乡镇苏木主要负责人等共同构成，共同负责该规划各项工作的落实。

（二）创新规划管理体制

1. 贯彻落实《环境影响评价法》

将环境影响评价由现行的建设项目评价提升到战略决策评价，从决策和源头上控制环境污染和生态破坏。重大项目开发和建设规划、资源开发和基础设施建设方案等，决策或起草过程中必须进行生态环境影响和对策评估，并将评估结论作为决策的重要依据。对实施项目可能造成的生态破坏和不利影响，必须有相应的减轻对策和修复治理措施。

2. 建立生态环保和产业发展智库

广泛利用政府专家、高校、社会研究机构、民间组织的人力资源，建立"生态环保和产业发展智库"，发挥专家咨询和决策管理的重要作用。在制定涉及重大工程建设的规划、确定重大工程建设、生态建设和生态保护项目等方面，充分发挥专家咨询委员会的作用，为科学决策提供支持。设立生态环保和产业发展的综合决策管理信息中心，为奈曼旗政府和管理部门提供必要的信息服务。

3. 建立规划管理信息平台

为保障规划管理意图能够充分落实到位，实现全旗一张图监管监控，积极推动规划管理信息平台的运用，实现"横向到边"的规划编制与

"纵向到底"的规划实施管控。通过构建全旗域范围内空间规划一张图，逐步纳入发改、国土、环保以及林业、农业、水利、交通等多部门规划数据；以空间规划信息管理协同平台为载体，建立统一的空间数据库，实现建设项目、规划建设、国土资源管理等信息的"共库、共建、共管、共享"的新模式。

4. 建立规划落实制度

围绕各项目标和任务，建立明确的规划落实制度，强化各级政府对环境质量负总责的主体责任。旗政府作为规划实施的责任主体，要切实加强组织领导，落实工作责任，完善工作机制，逐级签订环保与生态建设、产业协调发展的工作目标责任状，分解落实规划提出的各项工作任务，结合个乡镇苏木的实际情况制订具体实施计划，落实本地的生态环境保护、重点项目的建设管理，进行必须的环保建设，保护生态本底，改善生态环境，改善交通网络、提升配套服务设施水平等，并纳入年度计划组织实施。规划实施情况纳入每年的目标任务考核。建立期中评估制度，确保规划任务按计划时序顺利推进。各相关部门积极配合，共同实现生态建设、环境保护、产业协调的各项工作。

（三）建立规划实施的监测和考核机制

1. 开展规划实施评估与监督

实行规划年度评估制度。在旗政府组织和领导下，由发改部门，会同原环保、国土、林业、旅游等部门组织开展规划评估与监督检查工作，定期公布规划实施情况，开展建设综合考核等方式，指导并督促各部门、各乡镇苏木认真落实规划中的各项工作。

2. 建立健全目标责任制和绩效考核制

结合奈曼旗的实际情况，制定生态环境保护与产业协调发展的工作绩效考核办法，建立健全目标责任制和绩效考核制，并制定考核办法和指标体系，将主要任务分解落实到各相关部门及乡镇苏木，确保各项任务和措施的落实。

强化绩效评估考核制度，建立以生态和环境保护为基础的产业发展目标的考核评价体系。将生物多样性种类、水土流失减少量、林木覆盖率、自然湿地保护率、自然保护区面积、集中饮用水源地水质达标率等各项生态指标，纳入地方经济社会发展评价体系和目标考核体系，使之成为生态保护与建设的重要导向和关键约束。出台生态保护绩效考核办法及相关制度，实行生态保护优先的产业绩效评价指标体系。完善经济社会发展考核评价体系，把资源消耗、环境损害、生态效益等指标纳入经济社会发展评价体系，并加大其权重。

四、开展农村生态环境综合整治

乡村旅游市场需求旺盛、富民效果突出、发展潜力巨大，是新时代促进居民消费扩大升级、实施乡村振兴战略、推动高质量发展的重要途径。近年来，我国在扩大乡村旅游规模、提升乡村旅游品质等方面取得了显著成效，但持续推动乡村旅游发展仍面临较多制约，突出表现在部分地区乡村旅游外部连接景区道路、停车场等基础设施建设滞后，垃圾和污水等农村人居环境整治历史欠账多，乡村民宿、农家乐等产品和服务标准不完善，社会资本参与乡村旅游建设意愿不强、融资难度较大。为贯彻落实党的十九大和十九届二中、三中全会精神，加快推进乡村旅游提质扩容，进一步发挥乡村旅游对促进消费、改善民生、推动高质量发展的重要带动作用，特制定补齐乡村旅游道路和停车设施建设短板、推进垃圾和污水治理等农村人居环境整治、建立健全住宿餐饮等乡村旅游产品和服务标准、鼓励引导社会资本参与乡村旅游发展建设、加大对乡村旅游发展的配套政策支持等行动方案。

（一）加强畜禽养殖环境污染防治

（1）健全经济激励机制　提升畜禽养殖废弃物处理技术在现行经济激励政策基础上，加大污染防治扶持力度及补贴比例，在督促环保设施建设不齐全的大规模养殖场尽快完善废弃物处理设施的同时，将补贴比例适当向中小规模养殖场倾斜，可以对主动治理污染的养殖户给予一定政策性补贴或资金奖励。另外，可借鉴日本等发达国家的经验，大力发展公共畜产环境改善事业，利用减免税收、免息贷款等优惠政策，建立良好的环保设施建设融资机制。同时，增加废弃物处理技术研发资金投入，重视科研成果转化，构建无害化处理循环体系，倡导养殖场对畜禽粪尿日产日清，并采取干湿分离处置办法，引进废水净化技术，对养殖场污水进行生态化处理。

（2）优化畜牧产业布局　合理利用废弃物资源在畜牧业发展规划的指导下，综合考虑地区环境承载量，以农牧结合为原则，合理划分适养、限养、禁养区域，严格控制畜禽饲养密度，确保载畜量与废弃物处理能力相匹配，对不符合要求的养殖场进行全面整改，引导规模化养殖由密集区向疏散区转移，促进各地区畜牧业平衡发展。此外，积极寻求废弃物资源化利用途径，一是将畜禽废弃物处理工艺与饲料制作技术相结合，提取粪便中的蛋白质、矿物质、脂肪等物质制作优质饲料；二是大力推进沼气工程建设，为畜禽粪便经自然分解和厌氧发酵转化为天然有机肥料提供条件，同时对沼气池的管理和使用及时跟进，避免沼气工程建而不用。

（二）推广生物降解农用地膜代替塑料农膜

（1）研制开发可降解的农用塑料　大力开发可降解的农田塑料，包括光降解塑料、生物降解塑料和光——生物双降解塑料，取代现在的农膜，减少和杜绝农用塑料对农田的污染。

（2）严格制定标准，生产质量好、可回收的农用塑料　制定严格的农膜厚度和强度标准，严禁生产和使用超薄型地膜，对企业和市场都应加强管理，不准不合格的劣质产品进入流通领域。

（3）建立农膜回收的管理体系和鼓励机制，开发回收利用技术　适当提高废旧塑料价格，或采取交旧换新（补差价）的办法，鼓励农民积极回收交售废旧塑料，对回收部门也应给予政策优惠。

（三）推广农业节水技术，防治水体污染

推广农业节水技术。在用水结构中，奈曼旗农业用水占比高达82.6%，高出全国平均水平20.2个百分点，高出自治区平均水平19.3个百分点，高出通辽市平均水平7.9个百分点。农业用水中的浪费现象也最严重，灌溉过程中半数以上在中途渗漏，采用漫灌又要浪费30%~35%。今后应大力发展节水灌溉技术，从传统的粗放型灌溉农业和旱地雨养农业转变为节水高效的现代灌溉农业和现代旱地农业。同时，面对水环境污染日益严重的问题，应从战略上变"末端治理"为"源头控制"。积极开发

和引进吸收国外先进的治污技术，提高污水的处理深度，将污水开辟为"第二水源"。

专栏 10-1：奈曼旗水资源及河道环境整治重大项目

1. 奈曼旗主要支流奈曼旗段河道治理工程：加固教来河堤防 80.5km，老哈河加固堤防 66km。总投资 3.1 亿元，建设周期：2018—2020 年。

2. 奈曼旗中小河流治理工程：建设护岸堤防工程，治理中小河流长度 25km。总投资 1 亿元，建设周期：2018—2020 年。

3. 奈曼旗牤牛河引蓄水工程项目：建设牤牛河拦河引水枢纽、提水泵站、提水输水管线、桥护泡子加固改造、供水调蓄池、供水泵站、提水输水管线等工程，铺设输水管线 60km，年引蓄水 1 000 万 m³。总投资 5.5 亿元，建设周期：2018—2020 年。

4. 奈曼旗抗旱水源工程：奈曼旗沙日浩来镇、新镇等地实施截潜流抗旱水源工程，保障 3 万亩农田抗旱应急灌溉用水。总投资 0.5 亿元，建设周期：2018—2020 年。

5. 通辽市奈曼旗南部山丘区水源工程综合利用规划：完善现有水源工程，对 28 座水库、23 座塘坝、4 处截潜流、5 249 眼机电井配备提水工程；新建小一型、小二型水库 40 座，塘坝 72 座，截潜流 25 座，新打机电井 2 699 眼，岩石井 1 490 眼，新打大口井 385 眼，并配备相应提水工程；新增农田灌溉面积 60.78 万亩，节水改造农田灌溉面积 93.3 万亩，新增林地 46 225 亩、草地面积 21 250 亩。总投资 10.2 亿元，建设周期：2017—2025 年。资金来源：专项资金。

6. 奈曼旗滞洪区工程：加固堤防 125km，新建出水口 100m³/s 泄水闸 3 座。总投资 4 亿元，建设周期：2018—2020 年。

7. 通辽市奈曼旗孟家段水库湿地保护恢复工程项目：新建孟家段实施退耕还湿工程和人工补水工程扩大湿地水域面积 5 万亩。总投资 1 亿元，建设周期：2018—2020 年。

8. 奈曼旗水务科学发展项目：水资源信息化管理、水文水土保持监测、排污口监测、农业灌溉对地下水环境、土壤水分影响、地下超采影响研究等科学技术体系以及具体项目研究等内容。总投资 1 亿元，建设周期：2018—2020 年。

（四）发展生态农业

（1）针对农村的实际情况，推广和普及生态农业，发展农作物秸秆和清洁能源的应用。积极推广农业节水技术、生物防治技术、有机肥使用等技术、促进生态农业发展。发展生态种植与生态养殖。

（2）尽量减少化肥、农药、塑料薄膜等农业资料对生态环境的破坏。

（3）建设生态农业示范区，走生态农业发展道路，改善农村生态环境，实现农业可持续发展。

（五）加大农村基础设施和生态环境建设投入

（1）实行政府农村基础建设投资与财政收入挂钩的对策，克服资金决定的随意性，确保政府投入的稳定性。

（2）拓宽资金筹措渠道，包括利用外资，整合资金，选择好项目，建立设计、审批、施工、验收程序。

（3）引入市场机制，对工程项目实行招投标制，政府采购制、监理制。

（4）对资金管理采取委托制、报账制，确保资金使用的安全有效。

专栏 10-2：奈曼旗农村基础设施建设重大项目

1. 农村电网改造工程：新增 66kV 变电容量 60 兆千伏安，新建及改造 66kV 线路 68.95km。建设周期 2018—2019 年。

2. 农村低压电网改造工程：新增配电容量 777 兆千伏安，新建及改造 10kV 线路 467.49km，低压线路 743.88km。建设周期 2018—2019 年。

3. 奈曼旗通村沥青水泥路：共 700km。建设周期 2018—2020 年。

4. 通村水泥路水毁修复工程：建设山区河道及过水路面四级公路 30km。建设周期 2018 年。

5. 撤并建制村通水泥路：四级公路 100km。建设周期 2018 年。

（六）加强固体废物的污染控制管理

对工业废渣与固体废物，贯彻减量化与资源化、无害化、稳定化的原则，进行回收利用与综合利用，环境管理部门负责管理与提供技术上的指导与支持。对固体废物严加管理，防止有毒有害废物和医院废物混入工业废物，防止工业废物混入生活垃圾。建设城镇垃圾填埋场，进行环境影响评价，进行垃圾填埋；建立乡镇、村垃圾收集站、垃圾转运站、公厕等，逐步实现垃圾资源化和综合利用。

专栏10-3：奈曼旗环境保护和整治重大项目

1. 奈曼旗农村垃圾治理项目：城乡环卫一体化和生活垃圾无害化处理工程，新建固定式生活垃圾转运站14处，移动式垃圾转运站21处，新建生活垃圾处理厂2处，购置相应环卫设备，配套建设附属及辅助工程。投资额2亿，建设周期：2018—2019年，责任单位住建局。

2. 奈曼旗农村污水治理项目：奈曼旗苏木乡镇污水处理厂及管网工程项目，在各苏木乡镇政府所在地各建1处。建设标准：污水处理能力0.5万t/日，污水管网20km。投资额8亿元，建设周期：2018—2020年，责任单位住建局。

3. 奈曼旗厕所革命项目：在各苏木乡镇人口密集区建设公共厕所1 200座。投资额6亿元，建设周期：2018—2020年，责任单位住建局。

4. 奈曼旗危房改造项目：改造农村危土房1 200户。投资额0.30亿元，建设周期：2018—2020年，责任单位住建局。

5. 奈曼旗大沁他拉镇周边村屯垃圾处理项目：日处理垃圾500t，投资额0.10亿元，建设周期：2019—2020年，责任单位住建局。

6. 奈曼旗大沁他拉镇污泥无害化处理处置设施建设工程：日处理污泥40t，投资额0.15亿元，建设周期：2019—2020年，责任单位住建局。

7. 奈曼旗大沁他拉镇生活垃圾无害化处理二期工程建设项目：总库容70万m^3，日处理生活垃圾200万t。投资额0.30亿元，建设周期：2019—2020年，责任单位住建局。

8. 奈曼旗大沁他拉镇生活垃圾无害化处理场封场项目：对总库容70万m^3的大镇生活垃圾处理场进行封场。投资额0.20亿元，建设周期：2019—2020年，责任单位住建局。

9. 奈曼旗大沁他拉镇生活垃圾卫生填埋场渗滤液处理工程：日处理渗滤液25t，投资额0.10亿元，建设周期：2019—2020年，责任单位住建局。

10. 奈曼旗建筑垃圾处理场建设项目：年处理建筑垃圾5万t，投资额0.10亿元，建设周期2019—2020年，责任单位住建局。

11. 奈曼旗八仙筒镇生活垃圾无害化处理工程后续资金扶持：续建27.65万m^3的生活垃圾处理场1处，建设垃圾转运站2座、垃圾收集车间90m^2，完善相关配套设施，日处理生活垃圾60t。投资额0.10亿元，建设周期：2019年，责任单位发改局。

12. 奈曼旗大沁他拉镇生活污水处理厂提标改造工程：设计规模1.5万t/日。对污水处理厂和再生回用水厂的现有处理系统进行改造，新建深度处理构筑物及相关附属设施，使处理后的出水达到《城镇污水处理厂污染物排放标准》（GB 18918—2002）一级标准中的A级标准。投资额0.45亿元，建设周期：2018—2020年，责任单位住建局。

---

13. 奈曼旗中心镇生活垃圾无害化处理建设项目：建设日处理能力240t 垃圾处理厂 4 座，配套收集转运设施。投资额 1.2 亿元，建设周期：2019—2020 年，责任单位住建局。

14. 奈曼旗天奈药业至大镇工业东区污水厂污水管网及八仙筒至奈曼工业东区污水管网建设项目：铺设天奈药业至大镇工业东区污水厂13.5km 中水管网及八仙筒至奈曼工业东区 64.7km 中水管网。投资额1.48 亿元，建设周期：2019—2020 年，责任单位园区办。

（七）严格控制沙化和盐碱化土地

严格控制沙化和盐碱化土地周边的城镇建设活动，搬迁周边居民点，减小人类活动对脆弱生态系统的干扰，维护固定、半固定沙漠景观与植被，治理活化沙丘，使其逐步达到完全固定，大力植树造林，涵养水源，恢复土地植被，防止沙丘活化。

专栏 10-4：奈曼旗林业及草原生态环境建设和整治重大项目

1. 奈曼旗科尔沁沙地综合治理工程建设项目：①"双千万亩"科尔沁沙地综合治理工程项目（含草原三化治理及三北防护林体系建设工程）科尔沁沙地综合治理 230 万亩；②科尔沁沙地综合治理循环发展产业示范区建设项目，建设示范区 10 万亩，主要实施沙地种植业、养殖业及农作物秸秆、粪便循环利用试验示范区，种植饲草 5 万亩，青储玉米 4 万亩；养殖育肥牛 10 000 头，育肥羊 30 000 只；建设农作物秸秆、粪便循环利用处理厂 10 处。总投资 9.8 亿元，建设周期：2017—2019年，续建项目。

2. 奈曼旗新一轮退耕还林：退耕还林 10 万亩。总投资 1.5 亿元，建设周期：2018—2020 年。

3. 外来入侵物种生态防治项目：原产于北美洲及热带沿海地区沙质土壤上的少花蒺藜草，20 世纪 80 年代入侵通辽地区科尔沁草原，目前奈曼旗少花蒺藜草入侵问题不断加剧，主要分布在八仙筒镇、治安镇，已成为最恶性杂草，也是当地生态系统面临的主要威胁之一，还影响农牧业的正常发展。项目经费将用于建立奈曼旗少花蒺藜草科研监测和防控基地，主要承担外来物种入侵疫情监控；物理防治（机械铲除、人工除草）；化学防治（叶面均匀喷雾）；植物替代控制（利用紫花苜蓿、菊芋、高丹草、燕麦、沙打旺等替代控制少花蒺藜草）；生态防控与经济利用相结合推广项目等。项目总投资：0.3 亿元；建设周期：2018—2020 年，拟申请专项资金项目。

（八）强化农村环境管理能力建设

加强管理制度，完善管理办法、依法管制农村生态环境。因地制宜制定出适合奈曼旗的农村环境保护与治理的办法。依据奈曼旗的农村生活和农业生产所产生的污染情形，如依据化肥、农药、农膜、工矿污染等不同类型和不同污染程度，制定相应的治理办法和动态监测网络，做到有法可依、违法必究，切实充分发挥环境保护法律法规，以及地方相关实施条例和实施办法在农村环境整治和乡村生态保护问题上的重要作用。

（九）大力开展宣传教育，提高农村生态环境保护意识

提高环保意识需要政府组织、倡导，全民参与。利用环保日、地球日、气象日、科技活动周等科普活动，大力宣传环保知识，提高全旗环保意识，让人们把对环境忧患意识转变为环保参与意识；树立山水林田湖草是生命共同体的大理念，把对环境索取的意识逐渐转变为环境奉献的意识。要大力宣传并认真执行关于森林、土地、水、环保等法律、法规、规章及制度、乡规民约等，提高人们自觉遵守相关规定的环保法制意识，使居民自觉地投入环境保护建设当中。

参考文献

曹执令. 2012. 区域农业可持续发展指标体系的构建与评价——以衡阳市为例 [J]. 经济地理 (8)：98-102.

陈克勤. 2000. 农业的未来在沙漠——以色列开发南部的成功经验 [J]. 市长参考 (6)：42.

崔向慧，卢琦. 2012. 中国荒漠化防治标准化发展现状与展望 [J]. 干旱区研究，29 (5)：913-919.

冯久田，尹建中. 2003. 初丽霞循环经济理论及其在中国实践研究中国人口资源与环境 (13)：2.

郭浩. 2017. 阿拉善荒漠保护和发展沙产业的辩证思考 [N]. 黄河报，12-02 (1).

韩新盛. 2014. 基于生态链网的沙产业集群化研究——以库布其沙漠为例 [D]. 内蒙古大学.

胡静霞，杨新兵. 2017. 我国土地荒漠化和沙化发展动态及其成因分析 [J]. 中国水土保持，38 (7)：55-59.

惠泱河，蒋晓辉，黄强，等. 2001. 二元模式下水资源承载力系统动态仿真模型研究 [J]. 地理研究，20 (2)：191-198.

贾卫列，永岗，明双，等. 2013. 生态文明建设概论 [M]. 北京：中央编译出版社.

李富荣，塔娜. 2010. 内蒙古沙产业与生态环境建设 [J]. 北方经济 (17)：35-37.

刘冰晶，杨艳昭，李依. 2018. 北方农牧交错带土地利用结构特征定量研究——以西辽河流域为例 [J]. 干旱区资源与环境，32 (6)：64-71.

陆大道. 1999. 区域发展及空间结构 [M]. 北京：科学出版社.

闵庆文，余卫东，张建新．2004．区域水资源承载力的模糊综合评价
　　分析方法及应用［J］．水土保持研究，11（3）：14-16．

潘岳．2013．生态文明知识读本［M］．北京：中国环境出版社．

彭晓洁，冀茜茹，张翔瑞．2011．江西农业可持续发展评价与对策研
　　究［J］．江西社会科学（9）：76-79．

司建华，冯起，席海洋，等．2019．关于新时期中国西部发展沙产业
　　的思考［J］．中国沙漠，39（1）：1-6．

田甜．2017．生态脆弱地区的农业绿色发展水平评价——以宁夏回族
　　自治区为例［J］．佳木斯大学社会科学学报，35（2）：63-65．

王汉祥．2017．中国北疆民族地区旅游产业生态化发展研究［D］．内
　　蒙古大学．

王睿，周立华，陈勇，等．2017．基于模糊综合评判的杭锦旗水资源
　　承载力评价［J］．水土保持研究，24（2）：320-324．

王岳，刘学敏，哈斯额尔顿，等．2019．中国沙产业研究评述［J］．
　　中国沙漠，39（4）：27-34．

汶上县人民政府．2017．培育优势特色　聚焦重点发力　加快推进农
　　业供给侧结构性改革［J］．山东经济战略研究（11）：44-46．

徐雪竹，王云．2018．生态经济模式的实践和探索——以江苏宿迁市
　　为例［J］．北方经贸（12）：120-123．

杨俊杰，韩波．2000．大有开发潜力的西部沙漠农业［J］生态经济
　　（6）：12-13．

姚喜军，吴全，靳晓雯，等．2018．内蒙古土地资源利用现状评述与
　　可持续利用对策研究［J］．干旱区资源与环境，32（9）：76-83．

尤琦．2017．土地利用规划环境影响评价对于防治荒漠化的作用［J］．
　　能源环境保护，31（3）：50-54．

约翰·贝拉米·福斯特．2006．生态危机与资本主义［M］．耿建新、
　　宋兴无译．上海：上海译文出版社．

张林平．2003．沙特、埃及沙漠农业及生态建设的经验［J］．世界农
　　业（1）：30-31．

周侃，樊杰，王亚飞，等．2019．干旱半干旱区水资源承载力评价及

空间规划指引——以宁夏西海固地区为例 [J]. 地理科学，39 （2）：232-241.

邹博清 . 2018. 绿色发展、生态经济、低碳经济、循环经济关系探究 [J]. 当代经济 （23）：88-91.

参考的法律法规和规划

- 《中华人民共和国城乡规划法》
- 《中华人民共和国土地管理法》
- 《中华人民共和国环境保护法》
- 《中华人民共和国防洪法》
- 《中华人民共和国森林法》
- 《中华人民共和国农业法》
- 《中华人民共和国水法》
- 《中华人民共和国水土保持法》
- 《中华人民共和国可再生能源法》
- 《中华人民共和国野生动物保护法》
- 《中华人民共和国自然保护区条例》
- 《土壤污染防治行动计划》
- 《水污染防治行动计划》
- 国务院"大气十条"
- 建设部《城市规划编制办法》
- 环保部《全国生态功能区划》
- 环保部《生态功能区划技术暂行规程》
- 《城市规划强制性内容暂行规定》
- 《城市规划编制办法》
- 《近期建设规划工作暂行办法》